应用型高等院校 教材

Python 程序设计应用教程

主　编　王　敏　李光正

副主编　陈珍锐　张进海

中国水利水电出版社
www.waterpub.com.cn
·北京·

内 容 提 要

本书是一本基础性强、可读性好、适合入门的 Python 语言教材。读者通过对本书的学习能够快速掌握 Python 语言的基础知识，并通过分析案例了解项目的基本开发流程和常用第三方库的使用。本书以 Windows 为平台系统讲解了 Python 的基础知识，第 1 章带领读者认识 Python，第 2 章主要针对 Python 的基本语法进行讲解，第 3 章主要介绍字符串及其相关操作，第 4 章介绍 Python 中的常用控制语句，第 5 章介绍列表、元组、字典，第 6 章介绍函数，第 7 章介绍面向对象程序设计，第 8 章介绍 Python 中的模块，第 9 章介绍异常处理，第 10 章介绍文件操作。

本书主要面向计算机软件编程的初学者，适用于有一定基础、进行初级项目开发的读者，也可作为全国计算机等级考试（Python 语言考试）的参考书。

本书配有电子教案，读者可以从中国水利水电出版社网站（www.waterpub.com.cn）或万水书苑网站（www.wsbookshow.com）免费下载。

图书在版编目（CIP）数据

Python程序设计应用教程 / 王敏，李光正主编. -- 北京 : 中国水利水电出版社，2021.3
应用型高等院校改革创新示范教材
ISBN 978-7-5170-9461-6

Ⅰ. ①P… Ⅱ. ①王… ②李… Ⅲ. ①软件工具—程序设计—高等学校—教材 Ⅳ. ①TP311.561

中国版本图书馆CIP数据核字(2021)第040314号

策划编辑：杜威　责任编辑：陈红华　加工编辑：庄连英　封面设计：李　佳

书　　名	应用型高等院校改革创新示范教材 Python 程序设计应用教程 Python CHENGXU SHEJI YINGYONG JIAOCHENG
作　　者	主　编　王　敏　李光正 副主编　陈珍锐　张进海
出版发行	中国水利水电出版社 （北京市海淀区玉渊潭南路 1 号 D 座　100038） 网址：www.waterpub.com.cn E-mail：mchannel@263.net（万水） sales@waterpub.com.cn 电话：（010）68367658（营销中心）、82562819（万水）
经　　售	全国各地新华书店和相关出版物销售网点
排　　版	北京万水电子信息有限公司
印　　刷	三河市铭浩彩色印装有限公司
规　　格	170mm×240mm　16 开本　12 印张　202 千字
版　　次	2021 年 3 月第 1 版　2021 年 3 月第 1 次印刷
印　　数	0001—3000 册
定　　价	35.00 元

前　言

Python 是一种面向对象、解释性的高级程序语言，已被应用在众多领域，包括 Web 开发、科学计算、数据分析、操作系统管理、桌面软件应用等。随着人工智能时代的到来，Python 已成为人们学习编程的首选语言。本书以零基础的初学者为阅读对象，循序渐进地讲解 Python 的基础知识，帮助读者建立计算思维和面向对象的编程思想。

本书的编写旨在推动将 Python 语言教学作为应用型本科大学相关专业的公共基础课程。本书有针对性地采用案例方式进行知识点讲解，最大程度地帮助读者真正掌握 Python 语言的核心基础。

本书系统讲解了 Python 的基础知识，具体章节内容介绍如下：

- 第 1 章简单介绍计算机语言相关知识、Python 语言的特点、Python 的安装、集成开发环境的安装和使用、Python 的执行原理等。通过本章的学习，读者可对 Python 有一个初步认识，能够独立完成 Python 开发工具的安装和基本使用。
- 第 2 章介绍 Python 的基本数据类型，包括变量、简单数据类型、运算符等内容，希望读者边学边做，打好基础。
- 第 3 章主要对字符串表示、特殊字符的转义、字符串运算和字符串函数进行讲解，希望读者能够结合案例熟练掌握字符串的相关操作。
- 第 4 章主要介绍选择、循环等程序控制语句。
- 第 5 章介绍 Python 语言常用的三种结构：列表、元组、字典。其中重点讲解列表的相关操作，包括列表的循环遍历、增删改查、排序等；元组部分主要讲解增删查操作，强调了元组无法进行修改；字典部分主要讲解元素的获取、增删改查及遍历。
- 第 6 章介绍函数的定义、函数的参数、函数调用和函数递归，函数作为功能代码段可以提高代码的复用性，实现项目的模块化开发。
- 第 7 章介绍面向对象编程的基础知识（面向对象概述、类和对象的关系、对象的创建）和面向对象的三大特征（封装、继承和多态），通过本章内容的学习，读者可以掌握面向对象的程序设计方法。

- 第 8 章主要介绍模块的使用和第三方模块的安装与应用，通过本章内容的学习，读者可理解使用模块的好处。
- 第 9 章对异常处理进行详细描述。
- 第 10 章主要针对 Python 中的文件操作进行讲解，包括文件的打开与关闭、文件的读写、文件的重命名、文件的删除等。

由于编者水平有限，书中难免有疏漏甚至错误之处，恳请读者批评指正。

编者

2020 年 12 月

目　录

第 1 章　Python 语言简介

1.1　流行编程语言介绍

表 1-1 所列为 TIOBE 编程语言社区发布的 2020 年 11 月编程语言排行榜，C、Python、Java 三门编程语言占据榜单前三。继 Python 成为“2018 年度编程语言”后，在 2020 年 11 月的榜单中，相较于 2019 年 11 月，Python 再度上升 2.27%。近 20 年来，Java、C 和 C++一直位列排行榜的前三，远远领先其他编程语言，处于不可撼动的地位。现在，Python 打破了这个局面，不仅名列三甲，它还以较强的增幅增长。目前，Python 是编程人员最常用语言之一，在统计领域使用率最高。

在许多软件开发领域，如脚本和进程自动化、网站开发、通用应用程序等，Python 越来越受欢迎。随着人工智能的发展，Python 成为了机器学习的首选语言。

表 1-1　2020 年 11 月编程语言排行榜

2020 年 11 月	2019 年 11 月	变化（上升/下降）	编程语言	变化率/%	改变/%
1	2	↑	C	16.21	+0.17
2	3	↑	Python	12.12	+2.27
3	1	↓	Java	11.68	-4.57
4	4		C++	7.60	+1.99
5	5		C#	4.67	+0.36
6	6		Visual Basic	4.01	-0.22
7	7		JavaScript	2.03	+0.10
8	8		PHP	1.79	+0.07
9	16	↑↑	R	1.64	+0.66
10	9	↓	SQL	1.54	-0.15
9	12	↑	Ruby	2.744	+0.49
10	-	↑↑	SQL	2.686	+2.69

注：数据来源为 https://www.tiobe.com/tiobe-index/。

Python 是一门高级程序设计语言，是目前非常流行的开源脚本语言，由荷兰人Guido van Rossum于 1989 年发明，近几年得到了快速的发展和应用，现在已经成为最受欢迎的程序设计语言之一，使用率几乎呈线性增长。Python 语法简洁清晰，具有丰富和强大的库，常被称为胶水语言。

1.2 Python 语言的特点

Python 主要是用 C 语言实现的，它的流行要归于它功能的强大。Python 可以在任何操作系统上运行，更重要的是，Python 是免费的开源语言，很多人在不断地完善着 Python 的功能。开发者们分享 Python 在各个领域的应用，使 Python 越发强大，影响力也越来越大。一般用户不仅可以免费下载安装 Python，还可以方便地共享第三方开发的免费功能模块。Python 的优良特性赢得了众多的拥护者和支持者，越来越多的行业开始应用 Python，在 Web 开发、网络编程、爬虫、云计算、人工智能、游戏开发等诸多领域都可见到它的身影。尤其是在人工智能领域，Python 更是无可替代的编程语言。

除了标准的 Python 发布版本，还有众多的基于各种平台的变种 Python，它们也提供了多样的语言开发环境。

- Enthought Python。同标准版的 Python 相比，Enthought Python 有丰富的工具和模块，便于使用。安装 Enthought Python 将自动安装 IPython。IPython 提供了一个 Python 的交互式环境，但比默认的 Python 标准交互环境更友好。IPython 支持变量自动补全、自动缩进等操作，还内置了许多很有用的功能和函数，可以看作是 Python 交互的增强版。IPython Notebook 也称为 Jupyter Notebook，它使用网络浏览器作为界面，进一步丰富了交互和可视化功能，非常适合作为教学工具。目前国外很多学校都以 IPython Notebook 为平台进行计算机相关课程的教学。
- ActivePython。一个适用于 Windows 平台的 Python 版本，内核是标准的 Python，由 Activestate 发布，包含了 Pythonwin 集成开发环境。
- 以不同语言扩展实现的 Python。目前至少有 8 种，例如，PyPy 是用 Python 语言实现的 Python；Jython 是用 Java 语言实现的，在 Java 虚拟机上运行，使得 Python 脚本在本地机器上无缝连接到 Java 类库；IronPython 是用 C#实现的 Python，在 IronPython 中可以直接访问 C#的标准库。

Python 语言的主要特点归纳如下。

（1）易学。Python 学习入门很容易，即使没有编程基础的人，也可以在短时间内掌握 Python 的核心内容，写出不错的程序。Python 的语句和自然语言很接近，因此十分适合作为教学语言。一个没有编程经历的人也可以比较容易地阅读 Python 程序。下面来看一段用 Python 写的程序。

```
for line in open("file.txt"):
    for word in line.split():
        if word.endswith('ing'):
            print(word)
```

上述这段脚本实现的功能十分清晰：打开一个名为 file.txt 的文件，得到以空格分隔的行中的单词，并把以 ing 结尾的单词都打印出来。简简单单的四行语句就完成了遍历和查找英文文本中现在分词或动名词的任务。可见，程序的易读性和简洁性是 Python 语言的第一大优点。

（2）跨平台性。软件的跨平台性又称为可移植性。Python 具有良好的跨平台性是指 Python 编写的程序可以在不进行任何改动的情况下，在所有主流的计算机操作系统上运行。换句话说，在 Linux 下开发的一个 Python 程序，如果需要在 Windows 系统下执行，只要简单地把代码复制过来，不需要作任何改动，在安装了 Python 解释器的 Windows 计算机上就可以很流畅地运行。跨平台性正是各种平台的用户都喜欢 Python 的重要原因之一。

（3）强大的标准库和第三方软件的支持。Python 中内置了大约 200 个标准功能模块，每一个模块中都自带了强大的标准操作，用户只要了解功能模块的使用语法，就可以将模块导入到自己的程序中，使用其标准化的功能实现积木式任务开发，极大地提高程序设计的效率。导入模块的本质是加载一个别人设计的 Python 程序，并执行那个程序的部分或全部功能，除了 Python 标准库模块外，还有大量第三方提供的功能模块，如 Pyinstaller、Numy、Scipy、Pandas、Matplotlib 等，它们也都是免费的，得到了广泛使用，并且极大地丰富和增强了 Python 的功能。

（4）面向对象的脚本语言。脚本（Script）语言是与编译（Compile）语言不同的一种语言。脚本程序的执行需要解释器，且具有边解释边执行的特点。编译语言编写的程序需要把全部语句编译通过后才能执行。典型的编译语言有 C 和 C++。

脚本语言和编译语言相比，通常脚本语言语法比较简单，但是语法简单不等同于只能用于完成简单任务。相反，Python 的简单和灵活使得很多领域的复杂任务开发变得十分容易。在本书中，我们也经常将 Python 称为脚本。同时，Python 也是一种面向对象程序设计语言，它具有完整的面向对象程序设计的特征，如 Python 的类对象支持多态、操作符重载和多重继承等面向对象的特征，因此 Python 实现面向对象程序设计十分方便。和 C++、Java 等相比，Python 甚至是更理想的面向对象设计语言。

1.3 Python 语言的编程环境介绍

Python 的安装

1.3.1 Python 的安装

作为一种开源语言，Python 的使用和发布都是免费的，用户可以访问 Python 的官方网站（http://www.python.org/download）来获取最新版本的 Python 安装程序。需要注意的是，不同操作系统平台的安装版本不同，要根据相应的平台选择不同的版本进行下载。在常见的操作系统上，如 Windows、Linux 和 Macintosh（Mac），都可以顺利地安装 Python 的解释器。通常 Linux、UNIX 和 Mac OX 系统中都包含了 Python 的某个版本，因此不需要单独安装。安装 Python 之前先查看一下自己系统中是否已经安装了 Python 解释器，Linux 和 UNIX 系统中 Python 一般安装在/usr 路径下。Windows 系统的用户需要自行安装 Python，安装成功后可以在菜单“开始”→“所有程序”中看到 Python。下面详细介绍在 Windows 操作系统中安装 Python 的具体步骤。

（1）在 Python 官方网站上下载能够在 Windows 下运行的 Python 的.exe 安装程序。安装程序又分为适用于 32 位机的 Windows x86 executable installer 和适用于 64 位机的 Windows x86-64 executable installer 两个版本，见表 1-2，读者需要根据自己操作系统的位数进行正确选择，否则 Python 将无法正常运行。

表 1-2 Python 安装程序及相应的操作系统

Python 安装程序	操作系统	说明
Gzipped source tarball	源码版本	Linux
XZ compressed source tarball	源码版本	Linux
mac OS 64-bit installer	Mac OS X	for OS X 10.9 and later
Windows help file	Windows	
Windows x86-64 embeddable zip file	Windows	for AMD64/EM64T/x64
Windows x86-64 executable installer	Windows	for AMD64/EM64T/x64
Windows x86-64 web-based installer	Windows	for AMD64/EM64T/x64
Windows x86 embeddable zip file	Windows	32 位 OS
Windows x86 executable installer	Windows	32 位 OS
Windows x86 web-based installer	Windows	32 位 OS

（2）图 1-1 所示是运行 Python 3.8 安装程序的界面，勾选 Add Python 3.8 to PATH 单选按钮，单击 Install Now，默认安装即可。Python 解释器的本机默认安装路径为 C:\Users\86150\AppData\Local\Programs\Python\Python38（不同主机有所不同）。若需要更改安装路径，则单击图 1-1 中 Customize installation，在弹出的如图 1-2 所示的界面中定制安装内容，然后单击图 1-2 中的 Next 按钮，再单击图 1-3 中的 Browse 按钮选择安装路径。

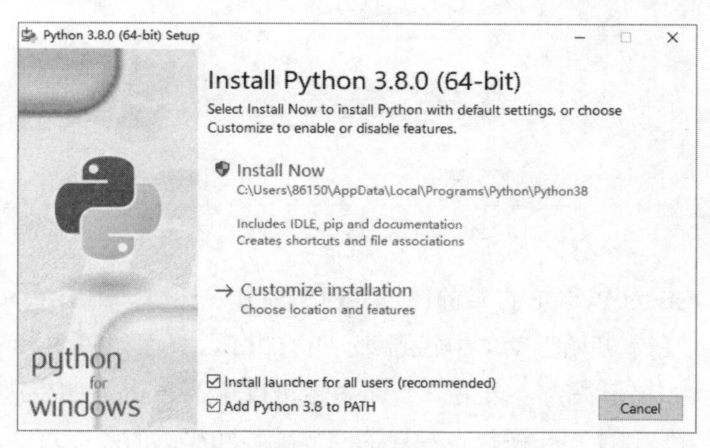

图 1-1 Python 3.8 安装程序的界面

定制安装内容界面中默认的安装项有 Python 解释器、标准库和说明文档等内容。读者可以通过单击每一项左侧的☑图标来改变默认设置，增减安装内容。安装过程中根据向导一步步地进行即可。安装成功后，从“开始”菜单就能看到已经安装的 Python。

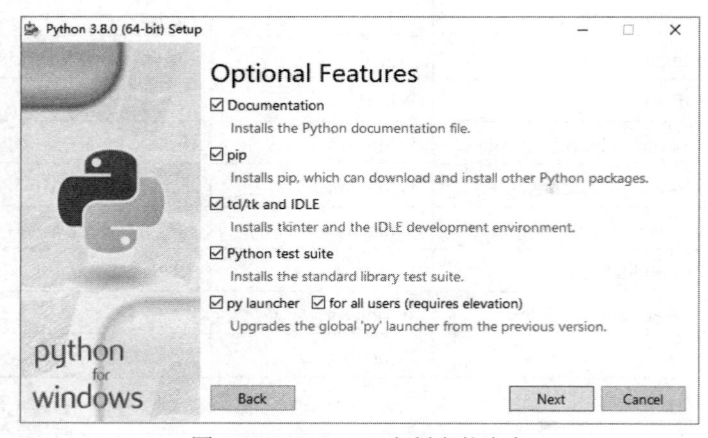

图 1-2　Python 3.8 定制安装内容

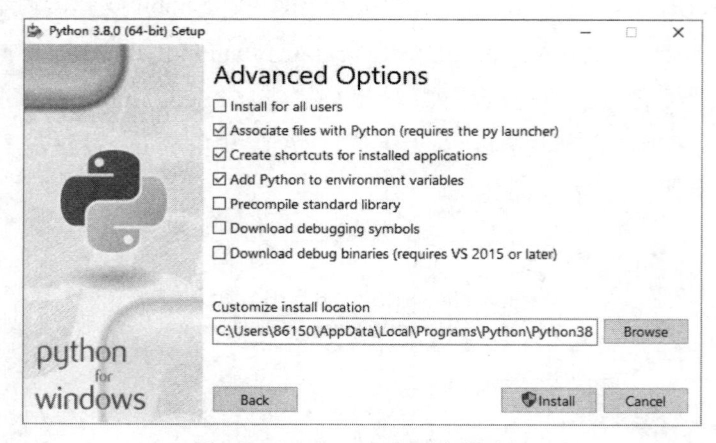

图 1-3　Python 3.8 定制安装路径

（3）IDLE 为 Python 自带的图形界面集成开发环境，用于 Python 程序的设计和调试。在“开始”菜单中找到并打开 IDLE，界面如图 1-4 所示。进入该交互环境后，提示符为>>>，在该提示符后可以输入 Python 的表达式或语句。Python 的交互环境主要用于简单程序的交互执行和代码的验证与测试。输入一条语句或表达式后立即执行，并在下一行显示结果（如果有输出结果的话），如图 1-5 所示。

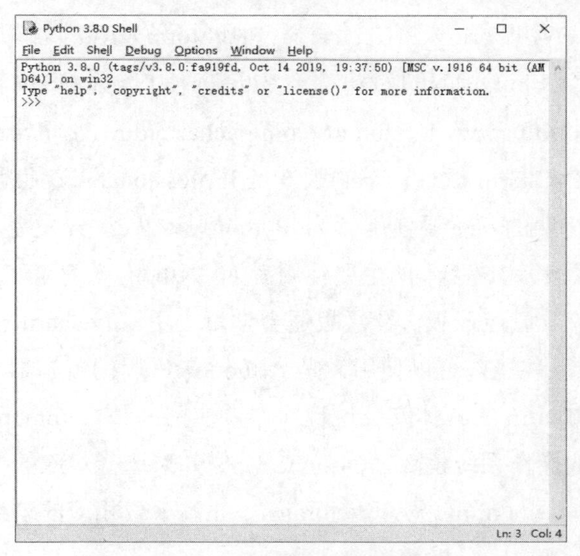

图 1-4　IDLE 图形界面

图 1-5　Python 的交互环境

1.3.2　PyCharm 的安装

PyCharm 的安装

PyCharm 是 JetBrains 家族中的一个明星产品，JetBrains 开发了许多好用的编辑器，包括 Java 编辑器（IntelliJ IDEA）、

JavaScript 编辑器（WebStorm）、PHP 编辑器（PHPStorm）、Ruby 编辑器（RubyMine）、C 和 C++编辑器（CLion）、.NET 编辑器（Rider）、iOS/macOS 编辑器（AppCode）等。PyCharm 官网（https://www.jetbrains.com/pycharm/download/#section=windows）提供两个版本的 PyCharm 软件，一个版本是 Professional（专业版），这个版本功能强大，是需要付费的，主要使用者为 Python 和 Web 开发者，另一个版本是 Community（社区版），该版本的主要使用者为 Python 学习者和数据专家。一般来说，专业开发应下载专业版，社区版适合学习之用。PyCharm 可以跨平台，在 MacOS 和 Windows 环境都可以使用，是 Python 最好用的编辑器之一。

下面介绍 PyCharm 的具体安装过程（作者使用的是 Community 版本）。请安装者根据计算机的操作系统位数（64 位或 32 位）来选择对应的 PyCharm 版本，然后到 PyCharm 官网（https://www.jetbrains.com）下载相应的安装包。

（1）下载 PyCharm 安装包。

第一步：进入 PyCharm 官网，单击 Tools，如图 1-6 所示。

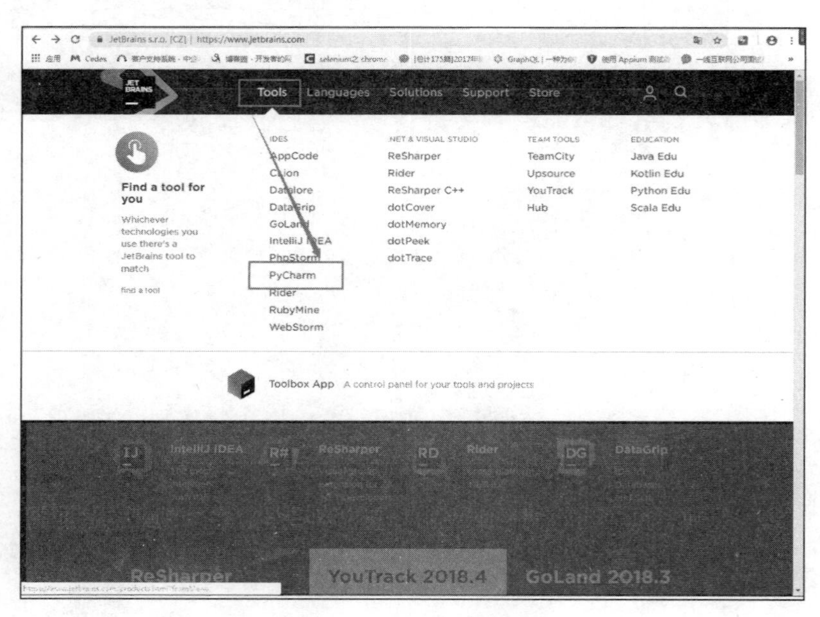

图 1-6　PyCharm 官网

第二步：单击 PyCharm，进入安装包下载页面，如图 1-7 所示。

图 1-7　安装包下载页面

第三步：单击 Download Now，根据自己需要下载匹配操作系统的安装包，如图 1-8 所示。

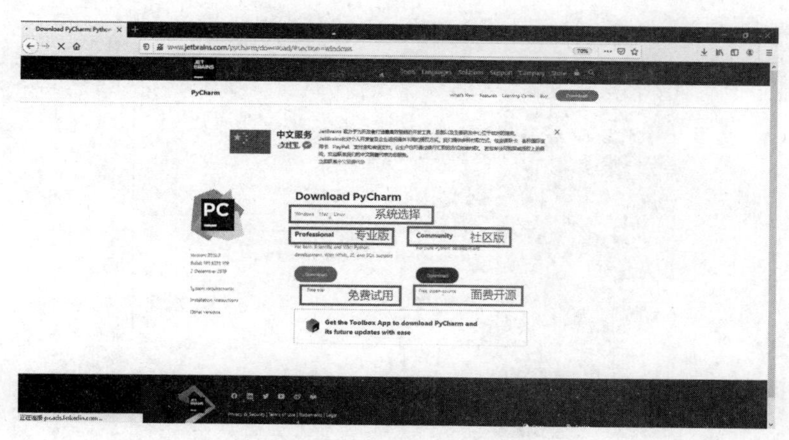

图 1-8　选择合适的安装版本

第四步：等待安装包下载完成，运行安装软件即可，如图 1-9 所示。

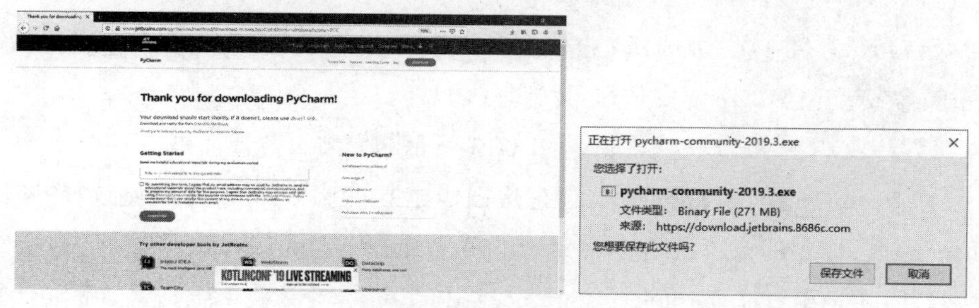

图 1-9　下载安装软件

（2）安装 PyCharm。

第一步：定位下载的 PyCharm 安装文件，如图 1-10 所示。

Tool

查看

此电脑 › 新加卷 (G:) › pythonTool　　搜索"pythonTool"

名称	修改日期	类型	大小
pycharm-community-2019.2.1.exe	2019/8/29 14:14	应用程序	258,025 KB
pycharm-community-2019.3.exe	2019/12/3 14:35	应用程序	277,861 KB
python-3.7.4-amd64.exe	2019/8/27 10:53	应用程序	26,056 KB
python-3.8.0.exe	2019/11/13 11:01	应用程序	25,788 KB
python-3.8.0-amd64.exe	2019/11/13 11:00	应用程序	26,861 KB
pythonpath.txt	2019/8/29 14:12	文本文档	1 KB
python环境安装和设置.docx	2019/8/29 14:30	Microsoft Word ...	15 KB

图 1-10　定位 PyCharm 安装文件

第二步：双击已下载的 PyCharm 安装文件，将出现如图 1-11 所示的界面，单击 Next 按钮，弹出如图 1-12 所示的设置安装路径界面。

图 1-11　PyCharm 安装

第三步：在图 1-12 中选择安装路径。PyCharm 需要的内存较大，建议将其安装在 D:盘或者 E:盘，不要安装在系统盘（C:盘）。

第四步：单击 Next 按钮，进入图 1-13 所示的安装设置界面。

1）Create Desktop Shortcut（创建桌面快捷方式）：64 位的系统则选择 64-bit launcher 项。作者的计算机是 64 位系统，所以选择 64-bit launcher 项。

2）Update PATH variable(restart needed)[更新环境变量（需要重新启动计算机）]：若想将启动器目录添加到路径中，则选择 Add launchers dir to the PATH 项。

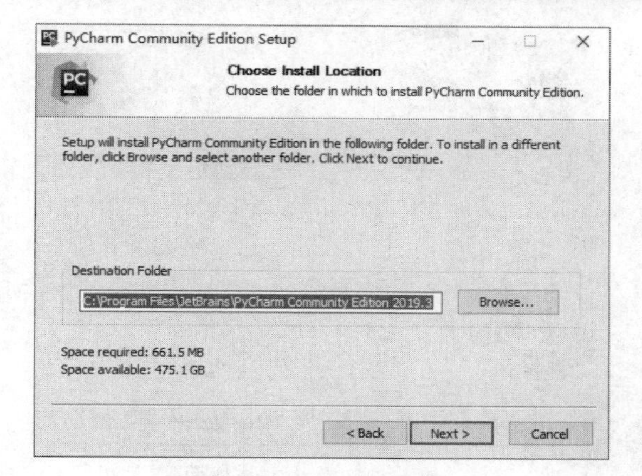

图 1-12　设置安装路径

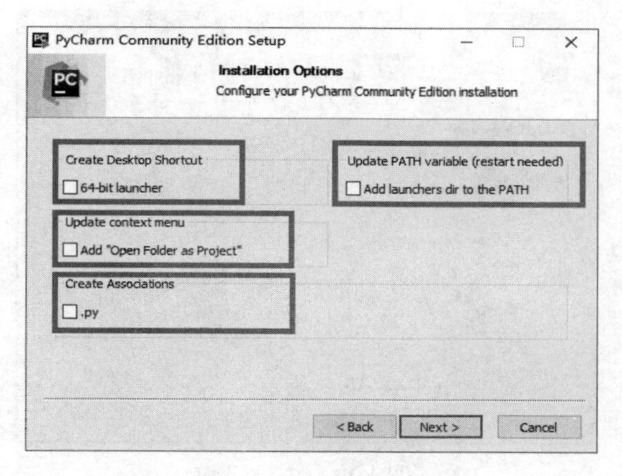

图 1-13　安装设置

3）Update context menu（更新上下文菜单）：若想添加打开文件夹作为项目则选择 Add "Open Folder as Project"项。

4）Create Associations（创建关联）：关联.py 文件，即双击文件时以 PyCharm 形式打开文件。

第五步：单击 Next 按钮，进入图 1-14 所示的安装界面。单击 Install 按钮，默认安装即可。

第六步：耐心等待，安装进程的界面如图 1-15 所示。

第七步：安装完成的界面如图 1-16 所示。单击 Finish 按钮，PyCharm 安装完成，接下来对 PyCharm 进行配置。双击桌面上的 PyCharm 图标，弹出导入 PyCharm 设置对话框，如图 1-17 所示。

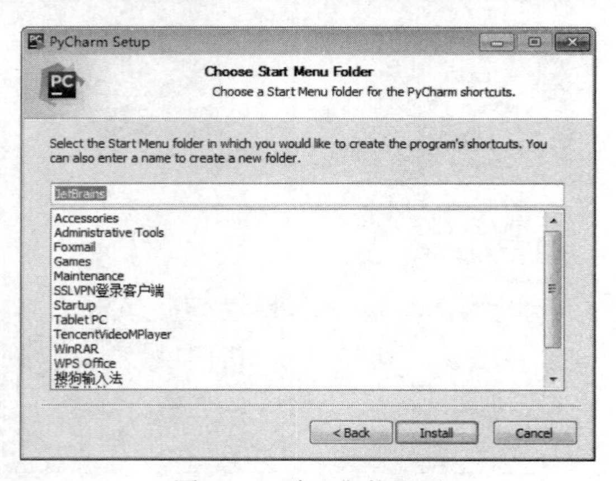

图 1-14　默认安装界面

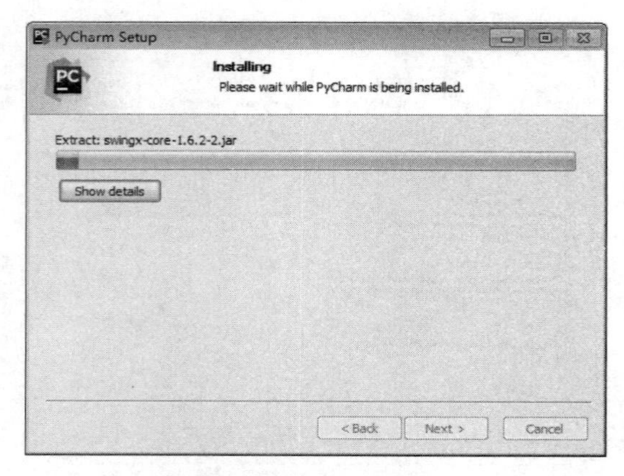

图 1-15　安装进程

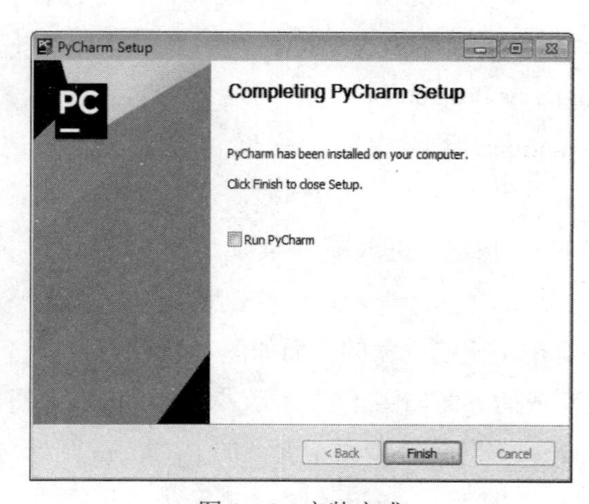

图 1-16　安装完成

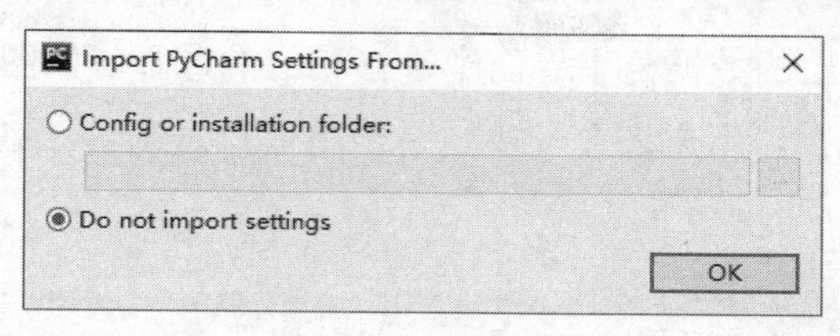

图 1-17　导入 PyCharm 设置对话框

在导入 PyCharm 设置对话框中，选择 Do not import settings 单选按钮，然后单击 OK 按钮。

第八步：在弹出的如图 1-18 所示用户确认对话框中，请阅读界面显示内容。

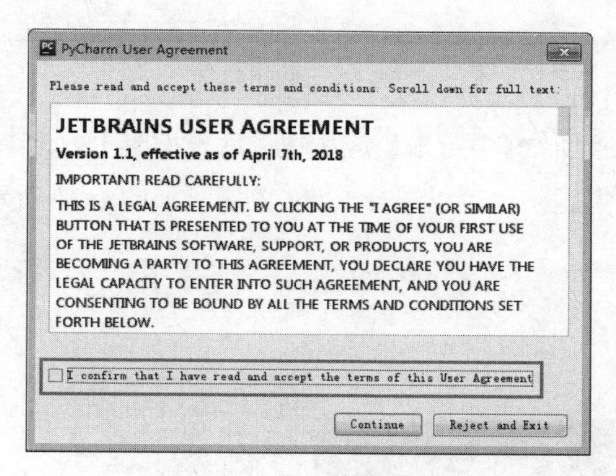

图 1-18　用户确认对话框

第九步：同意并确认相关内容后，勾选 I confirm that 复选项，如图 1-19 所示，然后单击 Continue 按钮。

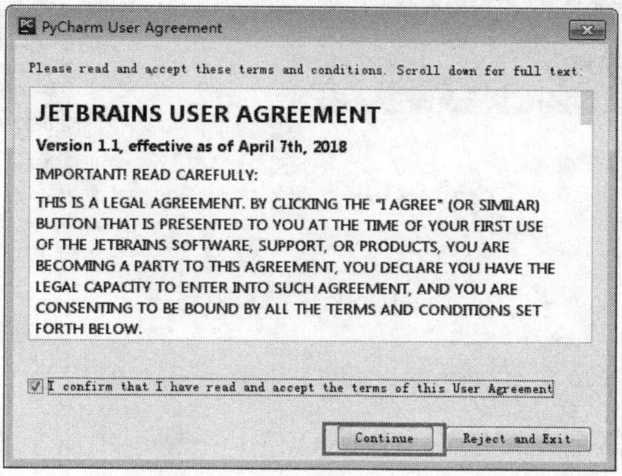

图 1-19　单击 Continue 按钮

第十步：在弹出的数据分享界面中进行相应的选择，如图 1-20 所示。此界面相当于一个问卷调查，用户可自行决定是否将信息发送给 JetBrains，以便提升产品质量。

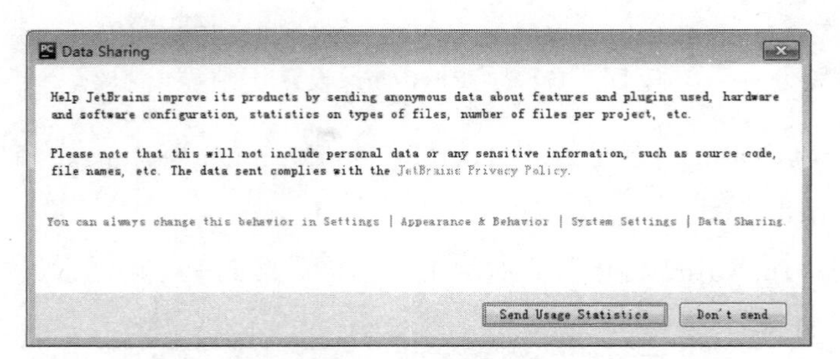

图 1-20　数据分享

第十一步：在图 1-20 中单击相应按钮，进入如图 1-21 所示的主题选择界面。默认选择 Darcula 主题，也可以选择 Light 主题，如图 1-21 所示。

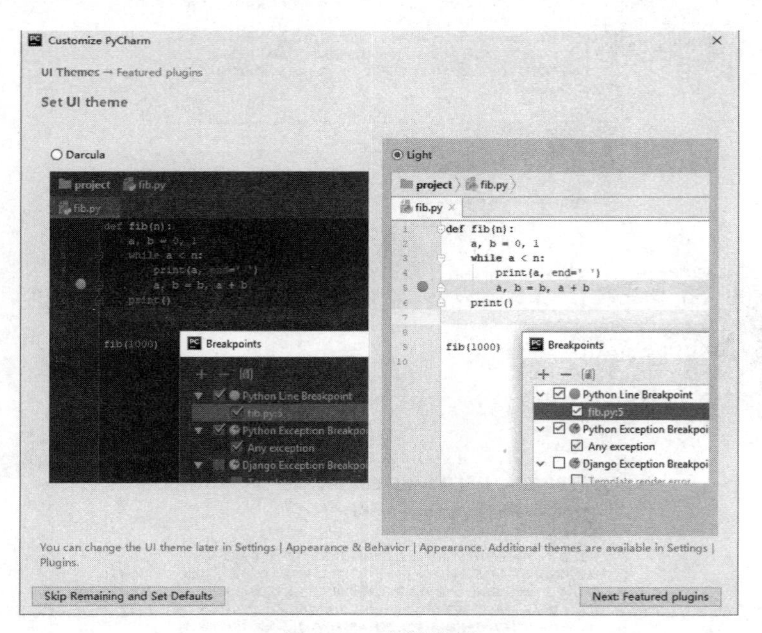

图 1-21　主题选择

第十二步：单击右上角的关闭按钮 ×，或者单击左下角的 Skip Remaining and Set Defaults（跳过其余设置选项采用默认值）按钮退出安装界面。

至此，社区版安装完成。对于专业版，需要购买并进行激活。

1.3.3 编写 Python 程序

执行“开始”菜单中的相应命令或者用桌面快捷方式打开 PyCharm 软件，然后进行下述操作。

（1）创建 Python 工程。执行 File→New Project 命令，在弹出的界面中输入工程名，选择 Python 解释器版本，单击 Create 按钮创建工程，如图 1-22 所示。

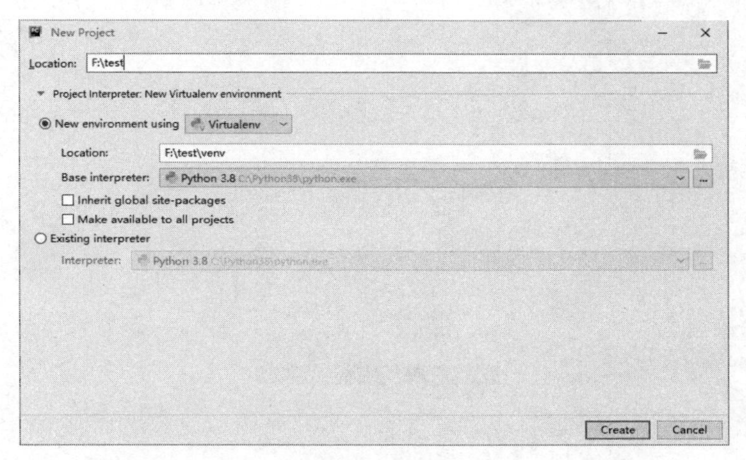

图 1-22 创建工程

（2）添加 Python 文件。右击工程名称，在弹出的快捷菜单中选择 New→Python File 命令，如图 1-23 所示，在弹出的界面中输入文件名即可添加 Python 文件。

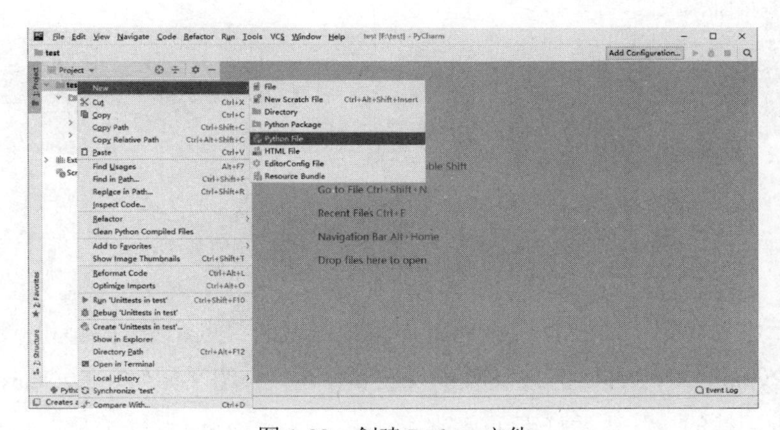

图 1-23 创建 Python 文件

（3）编写程序并保存。

```
print('Hello World!')
```

（4）右击创建的文件 main.py，在弹出的快捷菜单的选择 Run 'main'命令运行程序，如图 1-24 所示。

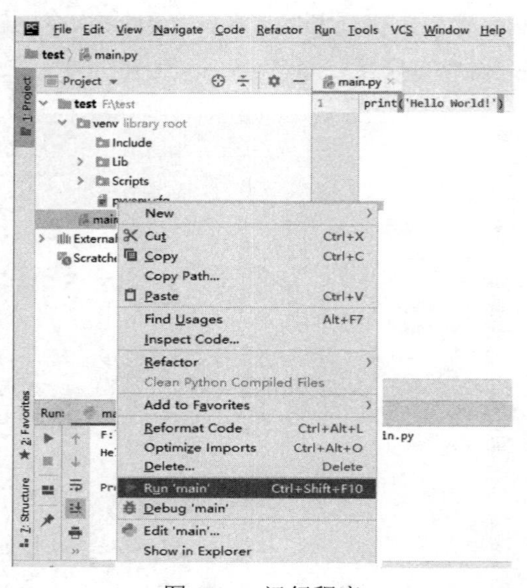

图 1-24　运行程序

（5）程序运行后的效果如图 1-25 所示。

图 1-25　程序运行后的效果

1.4　本章小结

本章主要介绍了现在流行的 Python 编程语言的特点，通过图解和视频的方式讲解了 Python、PyCharm 开发环境的安装和使用，介绍了如何在 PyCharm 中创建项目，为后续的边学边做打下了基础。

1.5　习题

一、选择题

1．下列关于 Python 语言的描述中不正确的是（　　）。

A．Python 是一种只面向过程的语言

B．Python 是一种面向对象的高级语言

C．Python 可以在多种平台上运行

D．Python 具有可移植的特性

2．下列关于 Python 的描述中不正确的是（　　）。

A．Python 可以应用于 Web 开发、科学计算、操作系统管理等多种领域

B．Python 是免费开源的

C．Python 既支持面向过程编程，也支持面向对象编程

D．Python 3.x 版本的代码完全兼容 Python 2.x 版本

二、简答题

1．作为脚本语言，Python 与 C++等编译语言的主要区别是什么？Python 语言的突出特点是什么？

2．简述 Python 语言程序的开发流程。

3．输入下面的 Python 语句并执行，查看并分析运行结果，尝试给语句添加注释。

在 Python IDE 下运行如下程序：

```
>>>5*6
>>>15/2
>>>23%4
>>>23//5
>>>"Hi,Python!"
>>>print("Hi,Python!")
>>>x=input("Please input a digit:")
>>>s1='abc'
>>> s2='def'
```

```
>>>s1+s2
>>> for x in range(5):
print(x)
>>> a= input('The length of a square is:')
The length of a square is:3
>>>a
```

在 PyCharm 环境下运行如下程序：

```
print(5*6)
print(15/2)
print(23%4)
print(23//5)
print('Hi,Python!')
print('Hi,Python!')
x=input('Please input a digit:')
s1='abc'
s2='def'
print(s1+s2)
for x in range(5):
    print(x)
a= input('The length of a square is:')
print(a)
```

4．用 input 函数接收用户输入的一个圆的半径值，计算并输出圆的面积（圆周率可使用 3.14）。

第 2 章　Python 基本数据类型

在编程时，对于基本数据类型的处理是一项非常基础也非常重要的工作，无论是进行数据计算，还是进行数据转换，基本类型的数据都是随处可见的。本章首先介绍 Python 中常用的基本数据类型，然后介绍使用基本数据类型定义变量的方法及其特点，最后介绍基本数据类型的相关运算。

2.1　基本数据类型介绍

在使用编程语言编程时，数据类型描绘了我们使用数据的所属类别，它可以告诉计算机如何使用这些数据。比如字符串“123”与数字 123 都使用三个相同的阿拉伯数字符号来表示，但是计算机在使用数字 123 时可以进行加减乘除算术操作，而对于字符串“123”则不能执行常规的算术操作。计算机可以通过数据类型判断所使用数据应该执行的操作。

在 Python 中，每个数据都隶属于一种具体的数据类型，但不需要声明这些数据的类型。Python 可以根据数据形式的特点分析出其所属类型，并在内部对其进行跟踪，以执行合适的操作。例如对于数字符号 123，如果这些数字用引号引上，Python 解释器会将它们当作字符串类型；如果没有引号，Python 解释器会将它们当作整数类型。

除了字符串和整数类型之外，在 Python 中还内置了多种数据类型，这些内置数据类型其实指的就是基本数据类型。表 2-1 给出了 Python 中常见的比较重要的数据类型。

表 2-1　Python 中常见的数据类型

数据类型	举例
整型（int）	123、24
浮点型（float）	1.414、3.14
复数（complex）	3+4j、1.2+3.0j

续表

数据类型	举例
布尔型（bool）	True、False
字符串（str）	"123"、"abc"
列表（list）	[1,2,3,4]
字典（dict）	{1:'a',2: 'b'}
集合（set）	{'a', 'b', 'c'}
元组（tuple）	(1,2,3,4)
其他类型	函数、模块、类、文件

我们通常将表 2-1 中所列的类型称为基本数据类型，因为它们是在 Python 语言内部高效创建的，也就是说，有一些特定的语法可以生成它们。例如，运行下面的代码：

```
>>> 'abc'
```

这里符号>>>是 shell 提示符，表示解释器希望用户在 shell 中输入一些 Python 代码。从技术上来说，上述代码运行的是一个常量表达式，这个表达式生成并返回一个新的字符串对象。这里使用引号的常量表达式告诉Python生成字符串对象。类似地，使用方括号的表达式会生成一个列表对象，使用小括号表达式会建立一个元组对象。也就是说，我们运行的常量表达式的语法形式决定了创建和使用的数据对象的类型。事实上，在 Python 语言中，这些对象生成表达式就是数据类型的起源。Python 中提供的内置函数 type()可以用于查看对象的类型，如：

```
>>>type(123)
<class 'int'>
>>>type('123')
<class 'str'>
```

当然，除了表 2-1 中列出的常见数据类型之外，Python 还支持更多的数据类型。在 Python 中一切数据均作为对象，因此存在着函数（function）、模块（module）、类（class）、方法（method）、文件（file）等对象类型，本书的后续章节会对这些类型进行详细讨论。另外，2.2 节中会对简单数据类型（整型、浮点型、布尔型和复数类型）进行详细介绍，而对于列表、字典、集合和元组等复杂的数据类型会在本书后续章节进行详细介绍。

这里提醒读者注意的是，数据类型在 Python 语言中发挥着重要的作用。其实几乎在所有的编程语言中都需要定义数据类型。程序员在编写程序时，必须正确引用和使用数据类型，才能确保程序正确运行并获得正确的结果。在介绍简单数据类型之前，我们先来了解 Python 中的变量。

2.2 变量和赋值

变量和赋值

变量提供了一种将名称和对象进行关联的方法。Python 中可以将变量指定为不同的数据类型，这主要取决于对象的类型。如以下代码语句：

```
num_one=10
num_two=11
result=num_two+num_one
num_two=14
```

在上述这段代码中，Python 首先会将 10 和 11 这两个数字解释为不同的整数类型（int）对象；然后将变量名 num_one 和 num_two 分别关联到这两个不同整数类型（int）的对象；最后将变量名 result 关联到前两个变量相加得到的第三个整数类型对象。图 2-1（a）给出了这一过程的描述。

当上述程序执行 num_two=14 这条语句后，则变量名 num_two 被赋值到不同的整数类型对象，如图 2-1（b）所示。

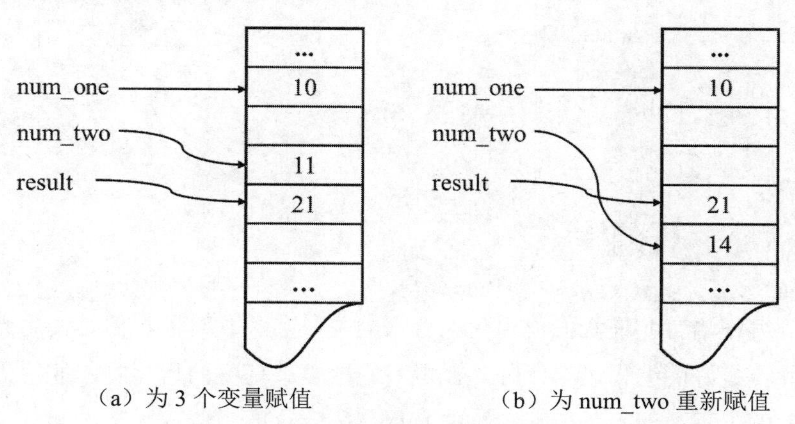

（a）为 3 个变量赋值　　（b）为 num_two 重新赋值

图 2-1　变量名称与内存对象关联方式示意图

图 2-1 给出变量名与内存对象之间的关联方式，当执行 num_one=10 后，Pyhton 解释器会向系统申请内存空间用于存储数字 10，申请的内存空间所在位置是随机的，该位置可以是内存中没有使用的空间，这主要取决于操作系统。如执行

num_two=11 语句后，数字 11 所在的位置就被随机分配到了 num_one 下面的第 2 个单元格，中间空单元格说明该内存空间并没有被使用，为空闲内存空间，可以被系统申请使用。

在 Python 语言中，变量其实仅仅是一个名字，用它可以指明所操作的数据对象。赋值语句可以将变量名与数据对象相关联，赋值语句使用了等号（=）符号，变量名位于等号的左面，等号的右面可以是能表示为对象的表达式。另外，一个数据对象可以有多个、一个或没有变量名与之相关联。

在 Python 中，变量名由大小写字母、数字和下划线组成，其命名需要遵守一定的规则，具体如下：

（1）变量名由字母、下划线和数字组成，且不能以数字开头。例如：

```
Abc123          #合法变量名
abc$123         #不合法变量名，变量名不能包含$符号
123abc          #不合法变量名，变量名不能以数字开头
```

（2）变量名区分字母大小写。例如，变量 area 和 Area 表示两个不同的变量。

（3）变量名不能使用 Python 中保留的关键字。在 Python 中，关键字具有一些特殊的功能，供 Python 语言自己使用，不允许开发者定义与关键字相同名字的标识符。Python 中的关键字如下：

```
False       class       from        or
None        continue    global      pass
True        def         if          raise
and         del         import      return
as          elif        in          try
assert      else        is          while
async       except      lambda      with
await       finally     nonlocal    yield
break       for         not
```

尽管编程语言允许我们使用任意合法的变量名关联对象，但是使用无意义的变量名并不是好的编程风格，因为在编写完成复杂任务的程序时，往往需要管理一个庞大的工程，而不是编写短短的几行代码，这就需要程序员之间分工合作，一个优秀的程序员要尽可能地使其他程序员花费尽可能短的时间读懂自己所写的程序。因此，程序的可读性变得十分重要，选择有意义的变量名可以增强程序的可读性。考虑以下两段代码片段（为方便理解，分成左右两部分）：

```
a=3.14                pi=3.14
```

```
b=11.2                    diameter=11.2
c=a*(b**2)                area=pi*(diameter**2)
```

对于计算机来说，这两段代码除了定义的变量名不同之外，没有其他不同，即它们做了相同的事情。然而，对于一个有经验的程序员来说，它们是完全“不同”的。如果我们只读左面的程序片段，没有理由怀疑该程序片段有什么不对的地方。但是，当我们浏览右边的代码片段时，可以发现该段程序的主要功能是计算圆的面积，那么这里的变量名 diameter 应该被命名为圆的半径（radius）而不是直径（diameter）。

此外，根据 Python 之父 Guido 的推荐规范，在为 Python 中的变量命名时，建议对类名使用大写字母开头的单词（如 Student），模块名使用小写字母加下划线的方式（如 good_student）。

另外一种增强代码可读性的方式是为代码添加注释。#符号可以用于添加文本注释，Python 会跳过#后面的文本。例如下面的代码：

```
#交换 a、b 两个变量的值
tmp=a
a=b
b=tmp
```

Python 允许使用一条语句对多个变量赋值。如下面的语句：

```
x,y= 12, '23'
```

上述代码将数值 12 关联到变量 x，将字符串"23"关联到变量 y。这里需要注意的是，等号左边的变量名与等号右边的表达式之间要求一一对应，并且在与变量关联之前需要对所有表达式求值转换为唯一对象形式。

2.3　简单数值类型

简单数值类型

2.3.1　整型

整数类型（int）简称整型，它用于表示整数，例如 100、2016 等。整型数除了可以用于表示十进制数之外，还可以表示二进制数（以“0B”或“0b”开头）、八进制数（以“0O”或“0o”开头）和十六进制数（以“0X”或“0x”开头）。Python 整型数可以表达任意大小的正整数和负整数。下面给出了整型类型的示例代码（为方例讲解，每行代码前给出标号用于标识代码行号）：

```
1    >>> a=0b101010
2    >>> type(a)
3    <class 'int'>
4    >>> a
5    42
```

上述代码中，第 1 行代码将一个二进制整数赋值给变量 a，第 2 行代码使用 type()函数查看变量 a 的类型，第 3 行代码为 type()函数返回的结果，给出了变量 a 为整数类型，第 4 行代码直接输出 a 的值，结果是十进制的 42（第 5 行）。

如果想将十进制数转换为二进制、八进制或者十六进制数，可以使用指定的函数来完成，相应代码如下：

```
>>>bin(42)
'0b101010'
>>>oct(42)
'0o52'
>>>hex(42)
'0x2a'
```

2.3.2 浮点型

浮点型（float）用于表示实数。例如 3.14、2.71 都属于浮点型。浮点型与整型之间可以相互转化，只不过在转化的过程中需要借助一些函数，如以下代码：

```
>>> a=1.2
>>> type(a)           #查看变量 a 的数据类型
<class 'float'>
>>> int(a)            #使用 int()函数将浮点型变量 a 转化为整型
1
>>> b=2
>>> float(b)          #使用 float()函数将整型变量 b 转化为浮点型
2.0
```

另外，浮点型变量可以使用科学记数法表示。Python 中的科学记数法表示如下：

```
<实数>E 或者 e<整数>
```

其中，E 或者 e 表示基数为 10，其后面的整数表示指数，指数可以是正整数也可以是负整数。例如 1.34E3 表示的是 1.34×10^{3}，2.71E-3 表示的是 2.71×10^{-3}。

这里需要注意的是，Python 的浮点数遵循的是 IEEE754 双精度标准，每个浮点数占 8 个字节，能表示的数的范围是-1.78E308～1.79E+308。参考如下代码：

```
>>>1.34e5        #浮点数为 1.34×10^5
134000.0
>>>-1.8e308      #浮点数为-1.8×10^308，超出了可以表示的范围
-inf
>>>1.8e308       #浮点数为 1.8×10^308，超出了可以表示的范围
-inf
```

2.3.3 布尔型

布尔型数只有两个取值：True 或 False。它们是 Python 中的特殊关键字常量。代码举例如下：

```
>>> a = True          #将布尔常量 True 赋值给变量 a
>>> type(a)           #查看变量 a 的类型
<class 'bool'>
>>>int(a)             #将布尔型变量 a 强制转化为整型
1
>>> bool(0)           #将整型数字 0 强制转化为布尔型
False
```

其实，每一个 Python 中的基本数据类型对象都可以转化为布尔值（True 或 False），进而可以用于布尔测试（如 if、while 语句）。以下对象的布尔值均为 False。

（1）None（空类型）。

（2）0（整型 0）。

（3）0.0（浮点型 0）。

（4）0.0+0.0j（复数 0）。

（5）""（空字符串）。

（6）[]（空列表）。

（7）()（空元组）。

（8）{}（空字典）。

除了上述对象之外，其他基本类型对象的布尔值都为 True。

2.3.4 复数类型

复数类型用于表示数学中的复数，例如，5+3j 和-3.4-6.8j 都是复数类型。Python 中的复数类型具有以下两个特点：

（1）复数由实数和虚数两部分构成，其中虚数部分使用 j 或 J 作为后缀。

（2）复数的实数部分和虚数部分都是浮点型。

下面给出了复数类型的代码示例：

```
>>>a = 1+2j                    #定义复数类型变量 a
>>> a
(1+2j)
>>> a.real                     #实数部分
1.0
>>> type(a.real)
<class 'float'>
>>> a.imag                     #虚数部分
2.0
>>> type(a.imag)
<class 'float'>
```

2.4 运算符

运算符

2.4.1 算术运算符

Python 语言可以作为一个简单的计算器来使用，即可以进行简单的算术运算。Python 中的算术运算及相应的算术运算符如下：

（1）加法运算，使用加号（+）运算符。

（2）减法运算，使用减号（-）运算符。

（3）乘法运算，使用星号（*）运算符。

（4）除法运算，使用斜线（/）运算符，运算结果将保留相应精度的小数部分。

（5）整除运算，使用双斜线（//）运算符，运算结果返回商的整数部分，即下取整。

（6）取模运算，也称为取余运算，使用百分号（%）运算符，保留整除后的部分，可能是整数或浮点数。

（7）幂运算，使用两个连续星号（**）运算符。如 3**2=9，表示 3 的 2 次幂为 9。

下面为算术运算符的代码示例：

```
>>> 11+2               #加法运算
13
```

```
>>> 11-2.0             #减法运算
9.0
>>>(2+1j) * 3          #乘法运算
6+3j
>>> 11/3               #除法运算
3.6666666666666665
>>> 11//3              #整除运算
3
>>> 11 % 3             #取模运算
2
>>> 2 ** 3             #幂运算
8
```

2.4.2 逻辑运算符

逻辑运算符主要用于处理布尔型数据，其结果只包括两个可能的值，即布尔常量 True 和 False。常见的逻辑运算符如下：

（1）“与”运算，使用 and 运算符，如 x and y，表示当 x 的布尔值为 False 时，运算结果返回 x，否则返回 y。

（2）“或”运算，使用 or 运算符，如 x or y，表示当 x 的布尔值为 True 时，运算结果返回 x，否则返回 y。

（3）“取反”运算，使用 not 运算符，如 not x，表示当 x 的布尔值为 True 时，运算结果返回 False，否则返回 True。

下面为逻辑运算符的代码示例：

```
>>> 10 and 20
20
>>> 0 or 10
10
>>> not 0
True
```

2.4.3 比较运算符

比较运算符可以用于比较数据的大小，其返回结果只能是 True 或 False。在 Python 中可以使用的比较运算符如下：

（1）==运算符，如 m==n，判断 m 和 n 是否相等。

（2）!=运算符，如 m!=n，判断 m 和 n 是否不等。

（3）<运算符，如 m<n，判断 m 是否小于 n。

（4）>运算符，如 m>n，判断 m 是否大于 n。

（5）<=运算符，如 m<=n，判断 m 是否小于或等于 n。

（6）>=运算符，如 m>=n，判断 m 是否大于或等于 n。

下面给出了比较运算符的代码示例：

```
>>>3==3
True
>>> 3!=1
True
>>> 3>7
False
>>> 3<2
False
>>> 3<=3.0
True
>>> 3<=True
False
```

2.4.4 成员运算符

除了上述运算符之外，Python 还支持成员运算符。Python 中的成员运算符用于判断指定序列中是否包含某个值：如果包含，返回 True；否则返回 False。下面给出了 Python 中的两个成员运算符。

（1）in 运算符，如 x in y，表示如果在指定的序列 y 中可以找到 x 的值则返回 True，否则返回 False。

（2）not in 运算符，如 x not in y，表示如果在指定的序列 y 中找不到 x 的值则返回 True，否则返回 False。

下面给出了成员运算符的示例：

```
>>> 8 in [1,2,3,4,5]            #查看 8 是否在列表序列[1,2,3,4,5]中
False
>>> 3 not in ['a','b','c']      #查看 3 是否不在列表序列['a','b','c']中
True
```

2.4.5 位运算符

前面讲到的运算符所处理的单元是由字节（byte）组成的具有基本数据类型结构的数据，在某些情况下，程序员需要执行位（bit）操作。我们知道 1 个字节是由 8 位组成的，程序中的所有数在计算机内存中都是以位的形式来存储的，每一位只能有两种取值（1 或 0）。位运算其实就是直接对整数在内存中的二进制数进行操作。例如：

- 14 = 0b1110
  $=1\times 2^3+1\times 2^2+1\times 2^1+0\times 2^0$
  =14
- 20 = 0b10100
  $=1\times 2^4+0\times 2^3+1\times 2^2+0\times 2^1+0\times 2^0$
  =20

进行“按位与”运算“14&20”的结果是 4，这就是二进制对应位进行按位与运算的结果。Python 中有多种不同的位操作运算，一些常见的位运算符如下：

（1）按位取反，使用~运算符。该运算符是一元运算符，就是将二进制位的每一位进行取反，0 取反为 1，1 取反为 0。如 5 的二进制数为 101，那么~5 对应的二进制数为 010，即为十进制数 2。

（2）按位与，使用&运算符。该运算符是指参与运算的两个数各对应的二进制位进行“与”运算，当对应的两个二进制位都是 1 时，结果位为 1，否则结果位为 0。如 5 的二进制数为 101，3 的二进制数为 011，那么 5&3 的二进制数为 001，即为十进制数 1。

（3）按位或，使用|运算符。该运算符是指参与运算的两个数各对应的二进制位进行“或”运算，只要对应的二进制位有一个为 1，结果位就为 1。如 5 的二进制数为 101，3 的二进制数为 011，那么 5|3 的二进制数为 111，即十进制数 7。

（4）按位异或，使用^运算符。该运算符是将参与运算的两个数各对应的二进制位进行比较，如果一个位为 1，另一个位为 0，则结果为 1，否则结果为 0。如 5 的二进制数为 101，3 的二进制数为 011，那么 5^3 的二进制数为 110，即十进制数 6。

（5）按位左移，使用<<运算符。该运算符是将二进制位全部左移 n 位，高

位丢弃，低位补 0。如 x<<n 表示将 x 的所有二进制位向左移动 n 位，移出的位删除，移进的位补 0。以十进制数 9 为例，它对应的二进制数是 00001001，那么 9<<4 的结果为 10010000，对应的十进制数为 144。

（6）按位右移，使用>>运算符。该运算符是将二进制位全部右移 n 位，移出的位丢弃，左边移出的空位补 0 或者符号位。以十进制数 8 为例，它对应的二进制数是 00001000，那么 8>>2 的结果为 00000010，对应的十进制数为 2。

2.4.6 复合赋值运算符

复合赋值运算符可以看作是将算术运算和赋值运算进行合并的一种运算符。它是一种缩写的形式，在对变量改变的时候显得更为简单。表 2-2 给出了复合赋值运算符及其说明。

表 2-2　复合赋值运算符

运算符	描述	实例
+=	加法赋值运算符	c+=a 等效于 c=c+a
-=	减法赋值运算符	c-=a 等效于 c=c-a
*=	乘法赋值运算符	c*=a 等效于 c=c*a
/=	除法赋值运算符	c/=a 等效于 c=c/a
%=	取模赋值运算符	c%=a 等效于 c=c%a
**=	幂赋值运算符	c**=a 等效于 c=c**a
//=	取整除赋值运算符	c//=a 等效于 c=c//a

表 2-2 只列出了部分复合赋值运算符，其实 Python 中的所有二元运算符只要满足一定形式都可以简写为复合赋值运算符。以下代码给出了复合运算符的使用示例。

```
>>> a=10
>>> b=3
>>> a+=b            #相当于 a=a+b
>>> a
13
>>> b*=b+2          #相当于 b=b*(b+2)
>>> b
15
```

2.4.7 运算符优先级

Python 支持多种运算符，表 2-3 按照优先级从高到低的顺序列出了所有的运算符。运算符的优先级指的是当多个运算符同时出现时，先进行什么运算再进行什么运算。除了我们之前已经讲过的运算符，后续章节还会陆续介绍其他运算符的使用。

表 2-3 运算符的优先级

运算符	描述
[]、[:]	下标、切片
**	指数
~、+、-	按位取反、正号、负号
*、/、%、//	乘、除、取模、整除
+、-	加、减
>>、<<	右移、左移
&	按位与
^、|	按位异或、按位或
<=、<、>、>=	小于等于、小于、大于、大于等于
==、!=	等于、不等于
is、is not	身份运算符
in、not in	成员运算符
not、or、and	逻辑运算符
=、+=、-=、*=、/=、%=、//=、**=、&=	赋值运算符

这里需要说明的是，在实际开发中，如果搞不清楚运算符的优先级，可以使用括号来确保运算的执行顺序。

2.5 阶段案例——反转数字

阶段案例——反转数字

2.5.1 案例描述

从键盘输入一个三位的整数，将其个、十、百位倒序生成一个新整数输出，例如，输入 123，则输出 321。请编程实现该功能。

2.5.2 案例分析

一个三位整数，将其个、十、百位倒序形成一个整数，则需要分别求出此三位整数的个、十、百位数字。求出个、十、百位数字后，将其倒序组合即可。求个位数字对 10 取模；求十位数字应先除以 10，再对 10 取模；求百位数字直接整除 100。

2.5.3 案例实现

1. 实现思路

（1）使用 input 函数接收一个整数。

（2）分别求得该整数的个、十、百位。

（3）将个、十、百位数值按百、十、个位顺序分别乘 100、10 和 1 后相加并输出。

2. 完整代码

请扫描二维码查看完整代码。

2.6 本章小结

本章主要介绍了 python 中的基本数据类型以及如何使用这些基本数据类型进行相关运算，另外给出了变量的特点及其定义方法。基本数据类型是编程的基础，也比较容易理解，希望读者掌握这些基础知识，为后期的深入学习打下坚实的基础。

2.7 习题

一、选择题

1．下列 Python 对象中，对应的布尔值是 True 的是（　　）。

A．None　　　　B．0

C．1　　　　D．""

2．下列语句中，符合 Python 定义变量规范的是（　　）。

A．int a=10　　B．b=10　　C．a==10　　D．b>=10

3．语句“True and 5”的运算结果是（　　）。

A．True　　B．1　　C．0　　D．5

4．下列选项中，表示取模运算的运算符是（　　）。

A．*　　B．++　　C．%　　D．**

5．下列数值中，不属于整数类型的是（　　）。

A．3.14　　B．-28　　C．0x80　　D．28

6．下列选项中，符合 Python 命名规范的标识符是（　　）。

A．2user　　B．if　　C．_name　　D．helloworld

7．a 与 b 定义如下：

```
a='123'
b='123'
```

下列（　　）的结果是 True。

A．a!=b　　B．a is b

C．a==123　　D．a+b=246

二、简答题

1．简述 Python 中变量名的命名规则。

2．简述成员运算符的作用。

三、编程题

1．设圆的半径 r=3.5，请编写 Python 程序计算该圆的周长和面积。

2．输入直角三角形两个直角边的长度 a、b，求斜边的长度 c。

3．编写一个程序，实现两个变量值的交换。

第 3 章　字符串

3.1　字符串表示

字符串表示

字符串是 Python 中最常用的数据类型。可使用引号（' 或 "）来创建字符串。

创建字符串很简单，只要为变量分配一个值即可。例如：

```
str1 = 'I use "single quotation marks " '
str2 = " I'm using double quotation marks "
str3= """I am a
multiline
double quotation marks string.
    """
str4='''I am a
multiline
single quotation marks string.
    '''
```

上述代码使用了 4 种字符串的表示方式。其中，str1 和 str2 分别使用了一对双引号和一对单引号来表示一个单行字符串；str3 和 str4 使用了三对双引号和三对单引号来表示一个多行字符串。Python 通过使用三个引号实现输出多行字符串的功能，字符串中可以包含换行符、制表符以及其他特殊字符。一个典型的用例是，当程序中需要引用一段 HTML 或者 SQL 代码时，就需要用字符串组合（使用特殊字符串转义将会非常烦琐）。实例如下：

```
errHTML = '''
<HTML><HEAD><TITLE>
Friends CGI Demo</TITLE></HEAD>
<BODY><H3>ERROR</H3>
<B>%s</B><P>
<FORM><INPUT TYPE=button VALUE=Back
ONCLICK="window.history.back()"></FORM>
</BODY></HTML>
```

```
'''
cursor.execute('''
CREATE TABLE users (
login VARCHAR(8),
uid INTEGER,
prid INTEGER)
''')
```

另外，Python 中可以通过 input 方法获取用户输入的文本，例如：

```
str5=input('input your String:')    #input 方法中的参数是输出的提示
print('str5 is {str5}')
```

在本节开始处的代码段中，str1 字符串中的内容包含双引号，str2 字符串中的内容包含单引号。Python 中使用单引号和双引号的区别是什么呢？

如果在单引号字符串中使用单引号会出现报错，如：

```
str1= 'I'm a single quotation marks string'
SyntaxError: invalid syntax
```

并且在输入时，可以看到字符串的后半段完全没有正常地高亮，这是因为单引号不能直接出现在单引号字符串内，Python 无法判断单引号是字符串本身的内容还是字符串的结束符。如果要同时输出单引号和双引号则需要使用转义字符。

3.2 转义字符

在 Python 中，当需要在字符串中使用特殊字符时，需要用反斜杠（\）转义字符。转义字符及其描述见表 3-1。

表 3-1 转义字符及其描述

转义字符	描述
\（在行尾时）	续行符
\\	反斜杠符号
\'	单引号
\"	双引号
\a	响铃
\b	退格
\000	空
\n	换行

续表

转义字符	描述
\v	纵向制表符
\t	横向制表符
\r	回车
\f	换页
\oyy	八进制数 yy 代表的字符，例如\o12 代表换行，其中 o 是字母，不是数字 0
\xyy	十六进制数 yy 代表的字符，例如\x0a 代表换行
\other	其他的字符（other）以普通格式输出

使用转义字符可以输出一些不能直接输出的字符，例如：

```
strl='Hi, I\'m using backslash! And I come with a beep! \a'
print (strl)
```

在 PyCharm 中执行这两句代码，会听到“哔”的声音。这是因为\a 是控制字符而不是用于显示的字符，它的作用就是让主板蜂鸣器响一声。

需要注意，如果要输出不加任何转义的字符串，可以在字符串前面加一个 r（表示 raw string，即使反斜杠不起转义作用）。例如：

```
str2= r 'this \n will not be new line'
print(str2)
```

上述这段代码会输出：

```
this \n will not be new line
```

可以看到，其中的\n 并没有被当作换行输出的控制字符。

字符串格式化

3.3 字符串格式化

Python 支持格式化字符串的输出，该功能将会用到比较复杂的表达式。其最基本的用途是将一个值插入到一个含有字符串格式符 %s 的字符串中。Python 中字符串格式化符号的使用与 C 语言中 printf 函数的语法相同。例如：

```
str1= '今天是 %d 年 %d 月 %d 日' %(2020,1,1)        # %d 表示一个整数
str2= "我叫 %s，今年 %d 岁。" % ('小红', 10))        # %s 表示一个字符串
print(str1)
print(str2)
```

以上实例的输出结果：

```
今天是 2020 年 1 月 1 日
我叫小红，今年 10 岁。
```

可以将字符串中的%d、%f、%s 等理解为一个指定了数据类型的占位符，将代码中百分号后面括号内的数据相应地依次替代占位符。

Python 中常用的字符串格式化符号见表 3-2。

表 3-2 字符串格式化符号

符号	描述
%c	格式化字符及其 ASCII 码
%s	格式化字符串
%d	格式化整数
%u	格式化无符号整型
%o	格式化无符号八进制数
%x	格式化无符号十六进制数
%X	格式化无符号十六进制数（大写）
%f	格式化浮点数字，可指定小数点后的精度
%e	用科学记数法格式化浮点数
%E	作用同%e，用科学记数法格式化浮点数
%g	%f 和%e 的简写
%G	%f 和%E 的简写
%p	用十六进制数格式化变量的地址

Python 中字符串格式化辅助指令见表 3-3。

表 3-3 字符串格式化辅助指令

指令	功能
*	定义宽度或者小数点精度
-	用于左对齐
+	在正数前面显示加号（+）
<sp>	在正数前面显示空格
#	在八进制数前面显示零（'0'），在十六进制数前面显示'0x'或者'0X'（取决于用的是'x'还是'X'）
0	显示的数字前面填充'0'而不是默认的空格

续表

指令	功能
%	'%%'输出一个单一的%
(var)	映射变量（字典参数）
m.n.	m 是显示的最小总宽度，n 是小数点后的位数（如果可用的话）

例如：

```
str3='今天的最高气温是%f 摄氏度' %26.7
str4='今天的最高气温是%.1f 摄氏度' %26.7
print(str3)
print(str4)
```

以上代码的输出结果：

```
今天的最高气温是 26.700000 摄氏度
今天的最高气温是 26.7 摄氏度
```

对于字符串格式化符号%f 来说，控制有效数字的方法是将%与 m.n 指令结合，给出总长度和小数长度 f（两个长度都是可以省略的）。

Python 还提供了一种更加灵活的字符串格式化方法：format()方法。

示例代码如下：

```
str1= '今天是 { } 年 { } 月 { } 日' .format(2020,1,1)
str2= "我叫{ }，今年{ }岁。" .format('小红', 10)
str3='今天的最高气温是{ }摄氏度'.format(26.7)
print(str1)
print(str2)
pirnt(str3)
```

以上代码的输出结果：

```
今天是 2020 年 1 月 1 日
我叫小红，今年 10 岁。
今天的最高气温是 26.7 摄氏度
```

format()中的参数被依次填入到之前字符串的大括号中。如果要改变浮点数输出的精度，代码如下：

```
str3='今天的最高气温是{0=>4.1f}摄氏度'. format(26.7)
print(str3)
```

以上代码的输出结果：

```
今天的最高气温是 26.7 摄氏度
```

“4.1f”表示最小总宽度为 4，包括小数点，小数位数为 1。代码中的“0=>”

是什么呢？首先来看 0 是什么意思。例如：

```
str4='今天是{2}年{1}月{0}日'.format(27,10,2000)
print(str4)
```

以上代码的输出结果：

```
今天是 2000 年 10 月 27 日
```

结合例子不难看出，“0=>”中的 0 其实是格式化的顺序，也就是说，虽然默认格式化顺序是从左到右的，但是也可以显式地指定顺序。通常如果需要用到自定义的格式，必须显式地给出格式化顺序。

需要注意，字符串在 Python 中是一个不可变的对象，format()方法的本质是创建一个新的字符串作为返回值，而原字符串不变。这显然浪费了空间和时间，Python 3.6 以后的版本引入的格式串有效地解决了这个问题。

关于格式串的实例如下：

```
year=2020
month=1
day=1
str1=f'今天是{year} 年 {month} 月 {day} 日'
temp= 26.7
str2=f'今天的最高气温是{temp:4.1f}摄氏度'
print(str1)
print(str2)
```

以上实例的输出结果：

```
今天是 2020 年 1 月 1 日
今天的最高气温是 26.7 摄氏度
```

3.4 字符串运算

字符串运算

字符串也可以进行运算。字符串中的每个字符都对应一个下标，例如字符串 str="helloworld"在内存中的存储格式如下所示。

下标编号：	0	1	2	3	4	5	6	7	8	9
str 字符串：	h	e	l	l	o	w	o	r	l	d

字符串的下标编号是从 0 开始的，依次递增 1。从上述存储格式看出，可以通过 str[5]的形式访问字符 w。

利用下标和不同的运算符，字符串可以进行多种运算。例如，当变量 a 的值为字符串 "Hello"，变量 b 的值为 "Python"时，字符串运算符及其描述见表 3-4。

表 3-4 字符串运算符及其描述

运算符	描述	实例
+	字符串连接	a + b 的输出结果："HelloPython"
*	重复输出字符串	a*2 的输出结果："HelloHello"
[]	通过索引获取字符串中字符	a[1]的输出结果：'e'
[:]	截取字符串中的一部分，遵循左闭右开原则，即 str[0,2]是不包含第 3 个字符的	a[1:4]的输出结果："ell"
in	成员运算符：如果字符串中包含给定的字符返回 True	'H' in a 的输出结果：True
not in	成员运算符：如果字符串中不包含给定的字符返回 True	'M' not in a 的输出结果：True
r/R	表示原始字符串，即所有的字符串都是直接按照字面的意思来使用，没有转义或不能打印的字符。原始字符串除在字符串的第一个引号前加上字母 r（可以大小写）以外，与普通字符串有着几乎完全相同的语法	print(r'\n') print(R'\n')

3.5 字符串内建方法

字符串中有几十种内建的方法，与前面所述的 format()方法一样，这些方法都不会改变字符串本身，而是返回一个新的字符串。表 3-5 给出了部分字符串内建方法及其描述。

表 3-5 字符串内建方法

序号	方法	描述
1	count(str, beg= 0,end= len(string))	返回 str 在 string 里面出现的次数。如果指定 beg 或者 end，则返回指定范围内 str 出现的次数
2	bytes.decode(encoding= "utf-8", errors="strict")	Python 3 中没有 decode 方法，但我们可以使用 bytes 对象的 decode()方法来解码给定的 bytes 对象，这个 bytes 对象可以由 str.encode()来编码返回
3	encode(encoding='utf-8', errors='strict')	以 encoding 指定的编码格式编码字符串，如果出错，默认报一个 ValueError 的异常，除非 errors 指定的是'ignore'或者'replace'

续表

序号	方法	描述
4	endswith(suffix, beg=0, end=len(string))	检查字符串是否以 suffix 结束，如果指定 beg 或者 end，则检查指定的范围内是否以 suffix 结束，如果是，返回 True，否则返回 False.
5	find(str, beg=0, end=len(string))	检测 str 是否包含在字符串中，如果指定 beg 和 end，则检查 str 是否包含在指定范围内，如果包含，返回开始的索引值，否则返回-1
6	index(str, beg=0, end=len(string))	与 find()方法一样，不同之处是如果 str 不在字符串中会报一个异常
7	isalnum()	如果字符串中至少有一个字符并且所有字符都是字母或数字则返回 True，否则返回 False
8	isalpha()	如果字符串至少有一个字符并且所有字符都是字母则返回 True，否则返回 False
9	isdigit()	如果字符串只包含数字则返回 True，否则返回 False
10	islower()	如果字符串中包含至少一个区分大小写的字符，并且所有这些（区分大小写的）字符都是小写，则返回 True，否则返回 False
11	isnumeric()	如果字符串中只包含数字字符，则返回 True，否则返回 False
12	isspace()	如果字符串中只包含空格，则返回 True，否则返回 False
13	isupper()	如果字符串中包含至少一个区分大小写的字符，并且所有这些（区分大小写的）字符都是大写，则返回 True，否则返回 False
14	join(seq)	以指定字符串作为分隔符，将 seq 中所有的元素合并为一个新的字符串
15	len(string)	返回字符串长度
16	lower()	转换字符串中所有大写字符为小写字符
17	strip()	截掉字符串左边的空格或指定字符
18	replace(old, new [, max])	把将字符串中的 old 替换成 new，如果指定 max，则替换次数不超过 max
19	rfind(str, beg=0,end=len(string))	类似于 find()函数，不过是从 srt 的右边开始查找
20	split(str="", num=string.count(str)) num=string.count(str))	以 str 为分隔符截取字符串，如果 num 有指定值，则仅截取 num+1 个子字符串
21	startswith(substr, beg=0, end=len(string))	检查字符串是否是以指定子字符串 substr 开头，是则返回 True，否则返回 False。如果 beg 和 end 有指定值，则在指定范围内检查

续表

序号	方法	描述
22	strip([chars])	用于移除字符串的开头和结尾处的指定字符 chars
23	zfill (width)	返回长度为 width 的字符串，原字符串右对齐，前面填充 0
24	isdecimal()	检查字符串是否只包含十进制字符，如果是返回 True，否则返回 False

3.6　阶段案例——处理回文字符串

阶段案例——处理回文字符串

3.6.1　案例描述

“回文句”是一种句型，一个句子如果正着读与倒着读的意思一样，就称为“回文句”。如：蜜蜂酿蜂蜜；风扇能扇风；清水池里池水清；静泉山上山泉静；上海自来水来自海上；雾锁山头山锁雾；天连水尾水连天；院满春光春满院；门盈喜气喜盈门。

在英文中也有回文（palindrome），而且回文是一种非常有趣的修辞方式，其结构跟中文是一个道理。英文回文举例：

Madam, I'm Adam.（女士，我是 Adam。）

Was it a cat I saw?（我看到的是猫吗？）

回文字符串就是正读反读都一样的字符串，比如，“aba”和“abccba”都是回文字符串。案例要求编写一个程序实现以下功能：通过键盘输入字符串，判断此字符串是否为回文字符串。

3.6.2　案例分析

对本案例进行分析：首先需要分析什么样的字符串是回文字符串，然后思考如何判断一个字符串是回文字符串。

方法一：使用 reversed()方法验证字符串是否为回文字符串。

方法二：通过循环判断字符串首尾是否相同，验证是否为回文字符串。回文字符串就是从前往后读和从后往前读都相同的字符串，例如案例描述的“aba”，从后往前读也是“aba”，因此可判断为回文字符串。判断一个字符串是否是回文字符串，可以通过比较第一个字符与倒数第一个字符是否相同，若不相同，则不是回文字符串；若相同，则比较后续的字符是否相同。例如，字符串“abcdea”的第一个字符和倒数第一个字符都是 a，那么接着比较第二个字符与倒数第二个字符，由于第二个字符 b 与倒数第二个字符 e 是不相同的，因此该字符串不是回文字符串。

3.6.3 案例实现

1. 实现思路

方法一：

（1）通过 reversed()方法对原字符串进行逆置。

（2）通过 list()方法将逆置的字符串转为 list 类型，并通过运算符“==”判断两上字符串是否相同。

方法二：

（1）定义一个变量，用其存储从键盘输入的字符串，并定义一个变量 length 记录字符串的长度。

（2）定义变量 i，使用 i 表示字符的下标，通过下标引用相应的字符，判断相应的字符是否相同。如果不同，设置不是回文字符串的标识符；如果相同则继续检查，直到检查完字符串中的所有字符。

（3）根据回文标识符判断字符串是否为回文字符串。

2. 完整代码

请扫描二维码查看完整代码。

3.7 本章小结

字符串是一种常用的数据类型，本章介绍了 Python 中如何创建和操作字符串。Python 对字符串操作提供了丰富的支持，但这些方法不必全部记住（方法很多，不容易全部记住），只需熟练掌握常用的方法，用到不常用的方法时查询相应的帮助资料即可。

3.8 习题

一、选择题

1．下面选项中，不属于字符串的是（　　）。

A．'abc'　　B．"hello"　　C．"12345"　　D．abc

2．Python 中使用（　　）符号作为转义字符。

A．#　　B．/　　C．\　　D．%

3．字符串"Hello world"中，字母 w 对应的位置下标为（　　）。

A．5　　B．6　　C．7　　D．8

4．返回某个子串在字符串中出现的次数的方法是（　　）。

A．length()　　B．index()　　C．count()　　D．find()

5．下列字符串格式化语法正确的是（　　）。

A．'This's %d%%'%Python'　　B．'This\'s %d%%'%'Python'

C．'This's %s%%'%'Python'　　D．'This\'s %s%%'%'Python'

6．给定字符串 str="abcdefghijk"，使用切片截取字符串，print(str[3:5])语句执行后的输出结果是（　　）。

A．de　　B．def　　C．cd　　D．cde

7．下面程序的运行结果是（　　）。

```
str = "www.test.com"
print(str.upper())        #把字符串中所有的小写字母转换成大写字母
print(str.lower())        #把字符串中所有的大写字母转换成小写字母
print(str.capitalize())   #把第一个字母转化为大写字母，其余小写
print(str.title())        #把每个单词的第一个字母转化为大写，其余小写
```

A．WWW.TEST.COM
www.test.com
Www.test.com
Www.Test.Com

B．WWW.TEST.COM
www.test.com
Www.Test.Com
Www.test.com

C．WWW.TEST.COM
Www.test.com

D．www.test.com
WWW.TEST.COM

www.test.com
Www.test.com
Www.Test.Com
Www.Test.Com

8．下面程序的运行结果是（　　）。

```
str = "sdjtu.cn"
print(str.isalnum())      #判断所有字符是否都是数字或者字母
print(str.isalpha())      #判断所有字符是否都是字母
print(str.isdigit())      #判断所有字符是否都是数字
print(str.islower())      #判断所有字符是否都是小写
print(str.isupper())      #判断所有字符是否都是大写
print(str.istitle())      #判断所有单词是否都是首字母大写（类似标题）
print(str.isspace())      #判断所有字符是否都是空白字符、\t、\n、\r
```

A．False
False
False
True
False
False
False

B．False
False
False
True
False
True
False

C．False
True
False
True
False
False
False

D．False
False
True
True
False
False
False

二、程序分析题

1．分析下述代码是否能够通过编译，如果不能通过编译，请给出错误的原因，如果能够通过编译，请给出运行结果。

```
a = "Hello"
b = "Python"
print("a + b  输出结果：", a + b)
```

```
print("a * 2  输出结果：", a * 2)
print("a[1]  输出结果：", a[1])
print("a[1:4]  输出结果：", a[1:4])
if( "H" in a) :
     print("H  在变量  a  中")
else :
     print("H  不在变量  a  中")
 if( "M" not in a) :
     print("M  不在变量  a  中")
else :
     print("M  在变量  a  中")
print (r'\n')
print (R'\n')
```

2. 分析下述代码是否能够通过编译，如果不能通过编译，请给出错误的原因，如果能够通过编译，请给出运行结果。

```
string_test = 'hello world'
index = string_test.index('hi',0,10)
print(index)
```

3. 分析下述代码是否能够通过编译，如果不能通过编译，请给出错误的原因，如果能够通过编译，请给出运行结果。

```
name = 'xiaowang'
age = 18
print('%s 's age is %s '%(name,age))
```

三、编程题

1. 统计通过键盘输入的字符串中字母 a 出现的次数，并输出该次数。

2. 输入一个年份，判断其是否是闰年。

3. 请格式化输出王小明的信息：王小明今年的年龄是 18 岁，身高是 1.75 米，体重是 78.5 千克。

4. 请通过输入一星期中的某天的英文单词的第一个字母来判断输入的是星期几，如果第一个字母一样，则继续判断第二个字母。

程序分析：本题用 switch 语句比较好。如果第一个字母一样，则用 switch 语句或 if 语句判断第二个字母。

星期一：Monday（Mon.）

星期二：Tuesday（Tues.）

星期三：Wednesday（Wed.）

星期四：Thursday（Thur./Thurs.）

星期五：Friday（Fri.）

星期六：Saturday（Sat.）

星期日：Sunday（Sun.）

5．给定一个字符串，然后移除指定位置的字符。例如，给定一个字符串 testString，移除第七个字符 r，输出原字符串和删除 r 后的字符串。

第 4 章　控制语句

计算机在完成某个任务的时候主要进行两项工作：一是将问题描述为一定的数据结构，也就是抽象出问题中需要用到哪些数据类型的数据和这些数据的组织形式；二是对数据进行计算，即计算机通过对数据进行一定的操作进而完成问题的求解。本章主要研究第二项工作，即如何使用控制语句对数据进行计算。其中，4.1 节对算法进行简单描述；4.2 节介绍判断语句；4.3 节介绍循环语句。

4.1　算法概述

4.1.1　初识算法

我们做任何事情都要有一定的步骤。例如，我们想要做一道菜——西红柿炒鸡蛋。首先，要有西红柿、鸡蛋、调味品等原材料，然后就要按照一定的步骤进行具体操作。通常所说的炒菜步骤其实就是食谱。下面给出了一份西红柿炒鸡蛋的食谱：

- 西红柿洗净后顶部划“十”字，用开水烫 2 分钟后去皮切片。
- 鸡蛋打入碗中，加入少许白胡椒粉、盐和味精，打散备用。
- 小葱洗净后切成葱花。
- 炒锅内倒少许油烧至微热，倒入打散的鸡蛋快速翻炒，凝固后盛出。
- 炒锅内重新倒入少许油烧至七成热，倒入西红柿大火煸炒，然后加入白糖炒匀，再倒入炒好的鸡蛋一起翻炒，最后调入少许盐和味精，起锅前撒上葱花即可。

食谱即是这样一系列的操作步骤，它告诉我们应按什么样的步骤进行加工才能做出所需要的菜肴。这些按照一定顺序进行的步骤，我们称之程序性知识。程序性知识是关于“怎么办”的知识或推断信息的一种方法。还有一种是陈述性知识。陈述性知识主要反映事物的性质、内容、状态和事物发展变化的原因，是关于“是什么”的知识。例如，如果 x 的平方根是 y，那么 y×y=x 属于陈述性知识，它虽然描述了一个客观事实，但是并没有告诉我们如何求平方根 y。

算法同食谱类似，也是一系列的操作步骤，属于程序性知识。算法与食谱不同的是，食谱用于加工出美味的菜肴，而算法用于解决相关问题。例如，求“1+2+3+4+5”的值时，可以通过以下步骤完成：

（1）先求 1 加上 2，得到 3。

（2）将得到的 3 再加上 3，得到 6。

（3）将得到的 6 再加上 4，得到 10。

（4）将得到的 10 再加上 5，得到 15，这就是最后的结果。

上述算法虽然正确，但是太烦琐了。如果要求“1+2+…+1000”的值，则要通过 999 个步骤，而且每次都要直接使用上一步骤的具体运算结果（如 3、6、10 等），很不方便，显然该方法是不可取的。下面考虑一个通用的操作步骤。

设置两个变量，一个变量代表被加数，另一个变量代表加数。不另设变量存放计算结果，而是直接将每一步骤中求得的和放在被加数变量中。如果设变量 s 为被加数，变量 i 为加数，则可用循环算法来求结果。相应地将算法改写如下：

（1）将变量 s 赋值为 1，即 s=1。

（2）将变量 i 赋值为 2，即 i=2。

（3）使 s 和 i 相加，将和仍放在变量 s 中，可表示为 s=s+i。

（4）使 i 的值加 1，即 i=i+1。

（5）如果 i 不大于 5，则返回重新执行第 3～5 步；否则，算法结束。最后得到的 s 的值即为所求的和。

显然，这个算法比上一个算法简练。如果题目为求“1+2+…+1000”的和，则只需对算法进行很小的改动，具体如下：

（1）s=1。

（2）i=2。

（3）s=s+i。

（4）i=i+1。

（5）若 i≤1000，返回步骤（3）；否则，算法结束。

可以看出，此算法具有一般性、通用性和灵活性。第 3、4、5 步组成一个循环，在满足某个条件（i≤1000）时，反复多次执行这 3 个步骤，直到某一次执行第 5 步时发现加数 i 已超过事先指定的数值（1000），则不再返回第 3 步，此时算法结束，变量 s 就是所求结果。

由于计算机是高速运算的，实现循环轻而易举。其实除了 Python 之外，所有计算机高级编程语言中都有实现循环的语句，因此，上述最后一个算法不仅是正确的，而且是计算机能够实现的较高效的算法。

其实，程序员在使用计算机完成任务时，大部分工作都是编写一套合适的算法，计算机只能严格地按照算法的流程执行操作。如果程序员在编写算法的时候存在错误，那么计算机在运行的时候就会产生错误。如果算法存在错误或在非预期的情况下运行，则可能会出现以下情况：

（1）程序崩溃或停止运行，并返回信息，告诉程序员出现错误的原因，以便程序员修改程序。在一个设计合理的计算机系统中，当一个程序崩溃时，并不会对整个系统造成损害。

（2）程序陷入死循环，即程序一直运行，直到程序员强行结束程序。

（3）程序在运行完成后产生一个不正确的结果或偶尔正确的结果。

上述 3 种情况中的每一种都将导致程序不能顺利完成任务，但第三种情况肯定是最糟糕的，因为它可能会使程序看起来是正确的，但是如果我们没有排除错误，而是让程序运行在现实的应用中，那么可能会造成重大的损失，比如银行账号被盗用、飞机发生事故等。为了能够有效地解决问题，我们首先要保证算法的正确性，在此基础上再考虑提升算法的质量和效率。

4.1.2 算法的基本结构

1966 年，Bohra 和 Jacopini 提出了 3 种算法的基本结构（也称程序结构）：顺序结构、选择结构和循环结构。这 3 种基本结构可以组成一个完成具体任务的程序。其实，几乎所有的编程语言都支持这 3 种基本程序结构，包括 Python 语言。下面对这 3 种基本程序结构进行说明。

（1）顺序结构。顺序结构就是一条一条地从上到下执行语句，程序中所有的语句都会被执行，执行过的语句不会被再次执行。如图 4-1 所示，虚线框内是一个顺序结构，其中 A 和 B 两个代码块是顺序执行的，即在执行完 A 代码块所指定的操作后，必须接着执行 B 代码块所指定的操作。

（2）选择结构。选择结构就是根据条件来判断执行哪些语句：如果给定的条件成立，就执行相应的语句；如果条件不成立，就执行另外一些语句，如图 4-2 所示。选择结构一般由三部分组成：一是条件判断语句，图 4-2 中 P 代码块是计算结果为真或假的表达式；二是当测试条件成立时所执行的代码块，如图 4-2 中的 A 代码块；三是当测试条件不成立时所执行的代码块，如图 4-2 中的 B 代码块。程序执行完选择结构之后会继续执行后续的代码块。

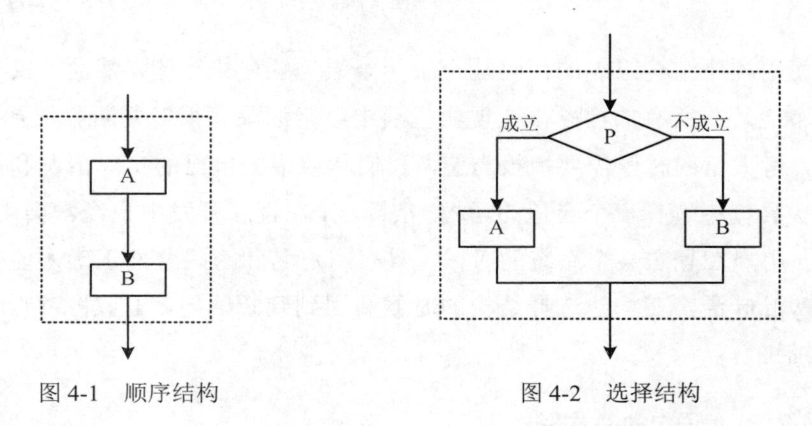

图 4-1　顺序结构　　图 4-2　选择结构

（3）循环结构。循环结构中也需要条件判断语句，程序会反复执行某一部分代码块，直到指定的条件不成立。如图 4-3 所示，当给定的条件 P 成立时，执行 A 代码块，执行完 A 代码块后判断条件 P 是否成立，如果仍然成立，再执行 A 代码块。如此反复执行 A 代码块，直到某次 P 条件不成立为止，此时跳出循环，程序继续运行。

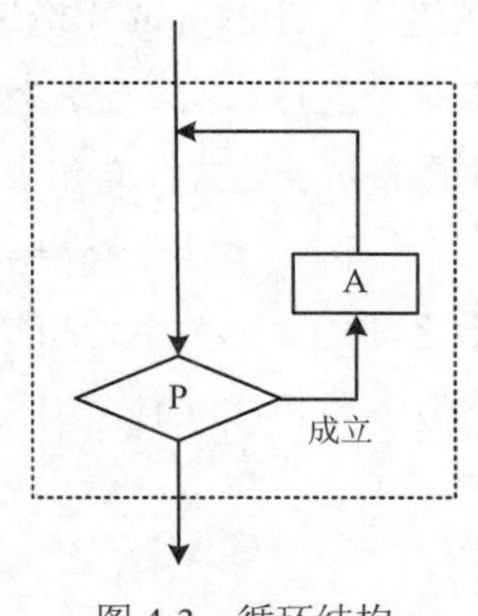

图 4-3　循环结构

上述 3 种基本结构几乎可以解决任何复杂的问题，由这些基本结构所构成的算法属于“结构化”算法，程序员在实现算法的过程中应综合运用这 3 种基本结构。在 Python 语言中，顺序结构不需要定义特别的关键字，代码是严格按照先后顺序执行的，但是在选择结构和循环结构中需要定义特殊的关键字，后续章节中将会对此进行介绍。

4.2 选择结构

选择结构

使用顺序结构组织的代码是一条一条语句顺序执行的。然而，仅有顺序结构并不能解决所有的问题，在现实生活中经常面临着很多判断和选择的情况。例如，考大学的时候需要填报志愿，我们就要根据自己的实际情况和高校水平从众多高校中选择一个合适的学校。实际上，在程序开发中也经常会用到判断，例如，用户在登录某个系统的时候，只有用户名和密码全部正确才能被允许登录。Python 语言在构建选择结构的时候会用到判断语句，本节将对判断语句进行详细讲解。

4.2.1 if 语句的基本形式

在 Python 中，if 语句的基本形式如下：

```
if 判断条件:
    执行语句 A
else:
    执行语句 B
```

这里 if 和 else 是语句的关键字，在 Python 构造选择结构的过程中，需要用这些特殊的关键字来告诉计算机这是选择结构，显然这些关键字不能作为标识符使用。if 关键字之后的判断条件是布尔表达式，布尔表达式只有 True 或 False 两个取值，比如判断条件可以用>（大于）、<(小于)、==（等于）、>=（大于等于）、<=（小于等于）来表示两个数之间的大小关系。当判断条件成立时，即布尔表达式为 True，执行语句 A；当判断条件不成立时，则执行 else 关键字后的语句 B。考虑如下判定考试成绩的代码：

```
results=59
if results>=60:
    print ('及格')
else:
    print ('不及格')
```

上述代码片段的输出结果：

```
不及格
```

上述代码中的 results>=60 是一个布尔表达式，由于赋值语句 results=59 将 59 赋值给变量 results，所以该布尔表达式的结果为 False，即执行了 else 语句中的代码块。其实这里的判断条件不仅可以是表达式，也可以是一个布尔值。我们在第 2 章布尔类型内容中也讲过，非零数值、非空字符串、非空 list 等对象的布尔值均为 True。考虑以下代码：

```
num = 6
if num:
    print ('Hello Python')
```

输出结果：

```
Hello Python
```

这里需要注意的是，每个 if 条件后面要使用冒号（:），表示接下来是满足条件后要执行的语句。另外，Python 中采用代码缩进的方式来划分语句块，相同缩进量的语句在一起组成一个语句块。冒号和缩进是一种语法形式，它会帮助 Python 解释器区分代码之间的层次，有助于程序开发者理解条件执行的逻辑及先后顺序。

4.2.2 if 语句多个判断条件的形式

有些时候，我们的判断条件多于两种。比如上面判定考试成绩的例子中，results 大于等于 60 的为及格，若还要判断大于等于 90 的为优秀，在 80 和 90 之间的为良好，那么该怎么做呢？这时候就要用到 if 语句的多个判断条件，其使用格式如下：

```
if 判断条件 1:
    执行语句 A
elif 判断条件 2:
    执行语句 B
elif 判断条件 3:
    执行语句 C
else:
    执行语句 D
```

在上述格式中，if 必须和 elif 配合使用。该段代码的执行过程如下：

（1）当判断条件 1 为 True 时，执行语句 A，然后结束整个 if 块。

（2）如果判断条件 1 为 False，那么判断是否满足判断条件 2，如果满足判断条件 2 就执行语句 B，然后结束整个 if 块。

（3）如果判断条件 1 和 2 都为 False，而判断条件 3 为 True，则执行语句 C，然后结束整个 if 块。

（4）如果判断条件 1、2 和 3 都为 False，那么执行语句 D，然后结束整个 if 块。

接下来我们使用 if 语句的多个判断条件来实现对考试成绩等级的判定，代码如下：

```
results = 89
if results >=90:
    print('优秀')
elif results > 80:
    print('良好')
elif results >=60:
    print ('及格')
else:
    print ('不及格')
```

上述代码的输出结果：

```
良好
```

关键字 elif 其实是 else if 的简写，这里需要注意的是，elif 必须和 if 一起使用，不能单独使用，否则程序会出错。

4.2.3 if 嵌套

if 嵌套指的是在 if 语句中包含其他的 if 语句。if 嵌套的格式如下：

```
if 判断条件 1:
    if 判断条件 2:
        执行语句 A
    else:
        执行语句 B
    else:
        执行语句 C
```

上述格式中，外层的 if 语句中嵌套了另一个 if 语句。如果要求当 Java 课程和 Python 课程的考试成绩同时高于 80 分的时候才算优秀，这时候我们可以使用如下代码：

```
java=86
python=68
if java>80:
    if python>80:
        print('优秀')
    else:
        print('非优秀')
else:
    print('非优秀')
```

上述代码的输出结果：

```
非优秀
```

其实，if 嵌套语句也可以通过使用复合布尔表达式实现，比如上面说到的两门课程的考试成绩均要高于 80 分的时候才算优秀的例子，其代码还可以写为：

```
java = 86
python = 68
if java > 80 and python > 80:
    print('优秀')
else:
    print('非优秀')
```

输出结果：

```
非优秀
```

这里使用了逻辑运算符 and。逻辑运算符 or 和 not 都可以用于复合布尔表达式（逻辑运算符可参考本书第 2 章中的介绍）。

4.3 循环结构

循环结构

本节将介绍 Python 中两个主要的循环结构：while 循环和 for 循环。循环结构就是不断重复执行相同的语句。while 语句提供了编写通用循环的一种方法；for 语句用来遍历序列对象内的元素，并对每个元素运行相同的代码块。

4.3.1 while 循环

while 语句是 Python 语言中通用的迭代结构。与 if 语句相似，while 语句后面也需要跟随一段布尔测试语句，但是与 if 语句不同的是，只要布尔测试值一直为 True，就会重复执行 while 语句中的代码块。称为“循环”，是因为控制权会持续返回到布尔测试语句，直到测试值为 False 为止。while 语句的一般格式如下：

```
while 测试语句:
    循环语句
```

当测试语句为 True 时，程序执行循环语句。下面给出使用 while 语句计算 1～100 范围内的所有整数和的程序，具体代码如下：

```
i=1
sum= 0
while i<= 100:
    sum+=i
    i=i+1
print("1～100 范围内的所有整数和为："+sum)
```

程序输出的结果：

```
1～100 范围内的所有整数和为：5050
```

需要注意的是，在 while 循环语句中，同样用冒号（:）和缩进来帮助 Python 解释器区分代码之间的层次。

4.3.2 for 循环

for 循环在 Python 中是一个序列迭代器，可以遍历任何有序序列内的元素，比如字符串、列表、元组等。for 循环的基本格式如下：

```
for 变量 in 序列:
    循环语句
```

for 循环中用到了 in 关键字。in 关键字的主要作用是迭代地将序列中的元素赋值给变量，然后利用变量执行循环语句。使用 for 循环遍历列表的示例代码如下：

```
for i in [2,3,5]:
    print(i)
```

输出结果：

```
2
3
5
```

上述示例中，for 循环可以将列表中的数值逐个进行显示。

另外，for 循环还经常与 range()函数搭配使用。range()函数是 Python 提供的内置函数，可以生成一个数字序列。range()函数在 for 循环中的基本格式如下：

```
for i in range(start,end):
    循环语句
```

上述程序代码在执行 for 循环时，循环计数器变量 i 依次被设置为[start,end)区间内的所有整数值，每设置一个新值都会执行一次循环语句，当 i 等于 end 时循环结束。这里需要注意的是，range()函数要求 start 和 end 都是整数。

上述求 1～100 范围内的所有整数和的代码就可以写为：

```
sum= 0
for i in range(1,101):
    sum+=i
print("1～100 范围内的所有整数和为："+sum)
```

程序输出的结果：

```
1～100 范围内的所有整数和为：5050
```

4.3.3 嵌套循环

同 if 嵌套类似，while 循环和 for 循环也可以嵌套。

for 循环的嵌套语法如下：

```
for 变量 1 in 序列 1:
    for 变量 2 in 序列 2:
        循环语句 A
    循环语句 B
```

while 循环的嵌套语法如下：

```
while 测试语句 1:
    while 测试语句 2:
        循环语句 A
    循环语句 B
```

除此之外，也可以在循环体内嵌入其他的循环结构和选择结构。如在 while 循环中可以嵌入 for 循环，同理，也可以在 for 循环中嵌入 while 循环。使用 for 循环打印如下图形：

```
****
****
****
****
```

可以看出，这个图形的规律是，第 1 行显示 4 个*符号，第 2 行也显示 4 个*符号，依此类推。此时，我们既可以用 for 嵌套循环，也可以使用 while 嵌套循环。下面的代码给出了使用 for 嵌套循环的过程。

```
for i inrange(1, 5):
```

```
        for j in range(1, 5):
            print('*',end='')
        println()
```

4.3.4 循环结构中的其他语句

1. break 语句

break 语句用于跳出最近的 for 循环或 while 循环。例如，下面是一个普通的循环。

```
for i in range(0,5):
    print(i)
```

上述循环语句执行后，程序将依次输出 0～4 的整数，直到循环结束时程序才会停止运行。如果希望程序只输出 0～2 的整数，则需要在程序执行完第 3 次循环语句后结束循环。下面的代码演示了如何使用 break 语句结束循环。

```
for i in range(0,5):
    print(i)
    if(i==2):
        break
```

在上述代码中，当程序执行到第 3 次循环时，i 的值为 2，因此循环结束，程序输出 0、1、2 三个数字。

2. continue 语句

continue 语句的作用是结束本次循环，继续循环中的下一次迭代。下面给出使用 continue 语句的例子。

```
for i in range(0,5):
    if(i==2):
        continue
    print(i)
```

在上述代码中，当程序执行第 3 次循环时，i 的值为 2，程序会终止本次循环，不输出 i 的值，然后马上执行下一次循环。程序输出的结果是 0、1、3、4。

3. pass 语句

pass 语句是空语句，它的主要作用是保持程序结构的完整性。pass 语句什么也不做，一般用作占位语句。例如：

```
for letter in 'abc':
    if letter=='b':
```

```
        pass
        print ('这是 pass 块')
    print('当前字母：',letter)
```

在上述代码中，当程序执行 pass 语句时，由于 pass 是空语句，程序会忽视该语句，按顺序执行后面的语句。程序的输出结果：

```
当前字母：a
这是 pass 块
当前字母：b
当前字母：c
```

4. else 语句

Python 中的 while 循环和 for 循环中也可以使用 else 语句。在循环中使用 else 语句时，else 语句块只在循环完成后执行，也就是说，else 语句块在循环被 break 语句终止时不会被执行。查找 1 和 10 之间所有质数的代码如下：

```
for n in range(1,10):
    for x in range(2,n):
        if n % x == 0:      #若 n 能够被 x 整除，则 n 不是质数，程序跳到外层循环
            break
        else:
            print(n, 'is a prime number')
```

这里的外层 for 循环用于遍历 1 到 10 十个数字，记为遍历 n，内层 for 循环按照质数的定义（只能被 1 和其本身整除的数）来判断 n 是否是质数，如果不是质数，则程序不但会跳过内层 for 循环，还会跳过 else 语句块，然后执行外层 for 循环。该程序的运行结果如下：

```
2 is a prime number
3 is a prime number
5 is a prime number
7 is a prime number
```

4.4　阶段案例——打印九九乘法表

阶段案例——打印九九乘法表

4.4.1　案例描述

请编写程序打印出如图 4-4 所示的九九乘法表。

1×1=1								
1×2=2	2×2=4							
1×3=3	2×3=6	3×3=9						
1×4=4	2×4=8	3×4=12	4×4=16					
1×5=5	2×5=10	3×5=15	4×5=20	5×5=25				
1×6=6	2×6=12	3×6=18	4×6=24	5×6=30	6×6=36			
1×7=7	2×7=14	3×7=21	4×7=28	5×7=35	6×7=42	7×7=49		
1×8=8	2×8=16	3×8=24	4×8=32	5×8=40	6×8=48	7×8=56	8×8=64	
1×9=9	2×9=18	3×9=27	4×9=36	5×9=45	6×9=54	7×9=63	8×9=72	9×9=81

图 4-4　九九乘法表

4.4.2　案例分析

对九九乘法表的规律进行总结，结论如下：

（1）该表显示为 9 行 9 列。

（2）每行算式个数逐次增 1，即第 n 行有 n 个算式。

（3）每行算式被乘数从 1 开始递增，增加到行编号为止，乘数始终为该行编号。

（4）每行最后一个算式在输出完成后需要换行。

4.4.3　案例实现

1. 实现思路

（1）定义双层 for 循环，外层循环负责控制行编号，内层循环负责控制列编号。

（2）外层循环行编号从 1 递增至 9，共 9 行。

（3）对于每一行，内层循环列编号从 1 递增至行编号为止。

（4）对于每一行，只有最后一个算式输出完成后需要输出换行。

2. 完整代码

请扫描二维码查看完整代码。

4.5　本章小结

本章主要介绍了 Python 中的控制语句（用于控制程序的执行流程）和算法的

3 种基本结构（顺序结构、选择结构和循环结构）。其中选择结构中主要使用 if 语句，循环结构主要使用 for 语句和 while 语句。在实际开发中会经常使用这些控制语句，希望读者能够熟练掌握。

4.6 习题

一、选择题

1．下列语句中，用来结束本次循环，然后执行下一次循环的是（　　）。

A．break　　B．continue　　C．pass　　D．else

2．已知 x=10，y=20，z=30，执行以下语句后，x、y、z 的值分别是（　　）。

```
if x<y:
    z=x
    x=y
    y=z
```

A．10 20 30　　B．20 30 10　　C．20 10 10　　D．20 30 30

3．阅读程序：

```
count = 0
while count < 5:
    print(count, '小于 5')
    if count == 2:
        break
    count += 1
else:
    print(count, "不小于 5")
```

下列关于上述程序的说法中描述错误的是（　　）。

A．else 语句块会在循环执行完成后运行

B．当 count 的值等于 2 时，程序会终止循环

C．break 语句会跳过 else 语句块执行

D．else 语句块一定会执行

4．阅读程序：

```
for i in range(10):
    i+=1
```

```
    if i==8 or i==5:
        continue
    print(i)
```

上述程序中，print 语句会执行（　　）次。

A．5　　B．6　　C．7　　D．8

5．阅读程序：

```
for i in range(5):
    i+=1
    if i==3:
        break
    print(i)
```

上述程序中，print 语句会执行（　　）次。

A．1　　B．2　　C．3　　D．4

二、简答题

1．简述 Python 中 pass 语句的作用。

2．简述 break 语句和 continue 语句的区别。

三、编程题

1．编写一个程序，使用 for 循环输出 0～10 范围内的整数，包括 0 和 10。

2．已知函数中 x 和 y 的关系满足如下条件：

（1）若 $x<0$，则 $y=0$。

（2）若 $0\leqslant x<5$，则 $y=x$。

（3）若 $5\leqslant x<10$，则 $y=3x-5$。

（4）若 $10\leqslant x<20$，则 $y=0.5x-2$。

（5）若 $20\leqslant x$，则 $y=0$。

编写一个程序，使用 if-elif 语句实现分段函数的计算并输出 y 的值。

3．编写一个程序，判断用户输入的数是正数还是负数。

第 5 章　List、Tuple 和 Dict

现实世界事物的信息化过程就是存储和操作数据的过程。数据结构是计算机存储组织数据的形式，没有良好的数据结构，编程过程就会举步维艰。本章从数据结构的概念出发，介绍 Python 中常用的 3 种基本数据结构：List（列表）、Tuple（元组）和 Dict（字典）。

5.1　数据结构简介

为方便有效地使用数据结构，可以将其定义为数据元素组，它提供了在计算机中存储和组织数据的有效方法。数据结构广泛应用于计算机领域的各个方面，如操作系统、编译器设计、人工智能及图形处理等。软件的主要功能是尽可能快地存储和检索用户的数据，因此，设计优良的数据结构能够使程序以更加高效的方式处理数据，提高软件或程序的性能。现实世界中的事物联系大致可以抽象为 4 种数据结构：集合结构、线性结构、树型结构、图型结构，如图 5-1 所示。

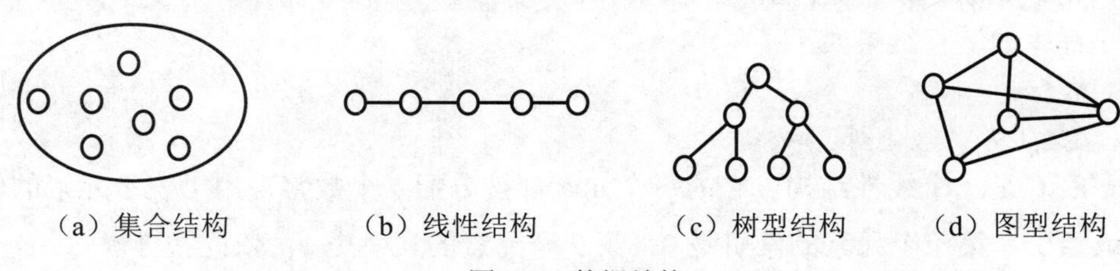

图 5-1　数据结构

Python 中数据的组织方式就是 Python 的数据结构。Python 中的数据结构有非常多的类型，如列表、元组、字典、队列、栈、树等。其中，Python 系统自己定义好的，不需要使用者自己定义的数据结构叫作内置数据结构，比如列表、元组等。需要使用者自己定义的数据组织方式称为扩展数据结构，比如栈、队列等。接下来，我们将对 Python 中的 List、Tuple、Dict 进行详细讲解。

5.2 List

List 也称为列表。假设一个班有 30 名学生，如果要存储这个班级所有学生的名字，就需要定义 30 个变量，每个变量存放一名学生的姓名。但是，如果有一千名学生甚至更多，那该怎么办呢？列表可以很好地解决这个问题。列表是最常用的数据类型之一，可以存储不同类型的数据。创建一个列表很简单，只需要把逗号分隔的不同的数据项用方括号括起来即可。示例代码如例 5-1 所示。

例 5-1 创建列表。程序代码如下：

```
list1=[1,'xiaoWang','a', [2, 'b']]
```

5.2.1 访问列表中的值

与字符串的索引一样，列表索引也是从 0 开始。我们可以通过索引的方式来访问列表中的元素，如例 5-2 所示。

例 5-2 使用索引访问列表元素。程序代码如下：

```
list1 = ['Google', 'Runoob', 1997, 2000]
list2 = [1, 2, 3, 4, 5, 6, 7]
print("list1[0]: ", list1[0])
print("list2[1:5]: ", list2[1:5])
```

程序的运行结果如下：

```
list1[0]: Google
list2[1:5]: [2, 3, 4, 5]
```

List 是一个线性结构，它的每个元素都被分配一个数字，用于表示元素的位置或索引。第 1 个元素的索引是 0，第 2 个元素的索引是 1，依此类推。

为了有效率地访问列表中的每个元素，可以使用 for 循环或 while 循环进行遍历。

（1）使用 for 循环遍历列表，如例 5-3 所示。

例 5-3 使用 for 循环遍历列表。程序代码如下：

```
list1 = ['zhangsan','lisi','wangwu']
for name in list1:
    print(name)
```

程序的运行结果如下：

```
zhangsan
lisi
wangwu
```

（2）使用 while 循环遍历列表。首先获取列表的长度，将列表长度作为 while 循环的条件，如例 5-4 所示。

例 5-4　使用 while 循环遍历列表。程序代码如下：

```
list1 = ['zhangsan','lisi','wangwu']
length = len(list1)
i = 0
while i< length:
    print(list1[i])
    i += 1
```

程序的运行结果如下：

```
zhangsan
lisi
wangwu
```

5.2.2　更新列表

1．利用索引修改元素的值

可以利用索引对列表的数据项进行修改或更新，也可以使用 append()方法添加列表项，如例 5-5 所示。

例 5-5　利用索引修改列表元素。程序代码如下：

```
list = ['Google', 'Runoob', 1997, 2000]
print("第三个元素为：", list[2])
list[2] = 2001
print("更新后的第三个元素为：", list[2])
```

程序的运行结果如下：

```
第三个元素为：1997
更新后的第三个元素为：2001
```

对于 List 来说，可以一次性修改一段列表元素值，具体见例 5-6。

例 5-6　一次性修改一段列表元素值。程序代码如下：

```
list1 = [1, 2, 3, 4, 5, 6]
list1[2:4] = [111,222]
print("list1: ", list1)
```

程序的运行结果如下：

```
list1: [1, 2, 111, 222, 5, 6]
```

也可以等间隔地为列表元素赋值，如例 5-7 所示。

例 5-7 等间隔地为列表元素赋值。程序代码如下：

```
list1 = [1, 2, 3, 4, 5, 6]
list1[::2] = [111,222,333]
print("list1: ", list1)
```

程序的运行结果如下：

```
list1: [111, 2, 222, 4, 333, 6]
```

2. 利用 append()方法添加元素

可以在 List 尾部为其添加一个元素。首先来看一个错误地添加元素的方法，见例 5-8。

例 5-8 错误地添加元素的示例。程序代码如下：

```
list1 = [1, 2, 3, 4, 5, 6, 7]
list1[7] = 8
print("list1:", list1)
```

上述方法是错误的，程序运行后会报如下错误：

```
Traceback (most recent call last):
    File "F:/test/5_1.py", line 2, in <module>
list1[7] = 8
IndexError: list assignment index out of range
```

正确的方法是通过 append()方法添加元素，具体见例 5-9。

例 5-9 通过 append()方法添加元素。程序代码如下：

```
list1 = [1, 2, 3, 4, 5, 6, 7]
list1.append(8)
print("list1:", list1)
```

程序的运行结果如下：

```
list1: [1, 2, 3, 4, 5, 6, 7, 8]
```

3. 通过 extend()方法和 insert()方法添加元素

类似地，还可以通过 extend()方法和 insert()方法添加元素，具体见例 5-10。

例 5-10 通过 extend()方法和 insert()方法添加元素。程序代码如下：

```
list1 = [1, 2, 3, 4, 5, 6, 7]
list2 = [8,9,10,11]
list1.extend(list2)
print("list1:", list1)
```

```
list1.insert(0,8888)
print("list1:", list1)
```

程序的运行结果如下：

```
list1: [1, 2, 3, 4, 5, 6, 7, [8, 9, 10, 11]]
list1: [8888, 1, 2, 3, 4, 5, 6, 7, [8, 9, 10, 11]]
```

例 5-10 中的 extend()方法接收一个参数，内容为要合并进 list1 的一个可迭代对象。extend()方法可以向 List 中传入一个 List 或 Tuple。

insert()方法接收两个参数，分别是被插入对象的下标索引及其值，即可以在指定下标位置插入指定对象。

5.2.3　删除列表元素

列表元素可以被修改，也可以被删除。删除列表元素有下述 3 种方法。

1．通过 del 语句

del 语句可以删除列表元素，也可以删除整个列表，del 操作没有返回值，具体见例 5-11。

例 5-11　通过 del 语句删除列表元素。程序代码如下：

```
list1 = [1, 2, 3, 4, 5, 6, 7]
del list1[1]
print("list1: ", list1)
del list1
```

程序的运行结果如下：

```
list1: [1, 3, 4, 5, 6, 7]
```

del 一般用来删除指定位置的列表元素。

2．通过 pop()方法

pop()方法没有参数，默认删除列表的最后一个的元素，具体见例 5-12。

例 5-12　通过 pop()方法删除列表元素。程序代码如下：

```
list1 = [1, 2, 3, 4, 5, 6, 7]
print(list1.pop())
print("list1: ", list1)
```

程序的运行结果如下：

```
7
list1: [1, 2, 3, 4, 5, 6]
```

3．通过 remove()方法

remove()方法接收一个参数，该参数为被删除的对象（列表中第一个元素值与参数匹配的对象），具体见例 5-13。

例 5-13 通过 remove()方法删除列表元素。程序代码如下：

```
list1 = [1, 1, 2, 3, 4, 5]
list1.remove(1)
print("list1:", list1)
```

程序的运行结果如下：

```
list1: [1, 2, 3, 4, 5]
```

remove()方法是从前往后进行查找，删除找到的第一个元素。

5.2.4 列表元素的排序和翻转

Python 提供了 sort()方法用于列表中数据的排序，reverse()方法用于列表中数据的翻转，具体见例 5-14。

例 5-14 分别通过 sort()方法和 reverse()方法实现列表中数据的排序和翻转。程序代码如下：

```
list1 = [1, 2, 3, 4, 5, 6]
list1.reverse()
print("list1: ", list1)
list1.sort()
print("list1: ", list1)
list1.sort(reverse=True)
print("list1: ", list1)
```

程序的运行结果如下：

```
list1: [6, 5, 4, 3, 2, 1]
list1: [1, 2, 3, 4, 5, 6]
list1: [6, 5, 4, 3, 2, 1]
```

上述代码中 reverse()方法的作用是将列表中的元素进行前后翻转；第 1 个 sort()方法是将元素从小到大进行排列；第 2 个 sort()添加 reverse=True 的参数，使列表元素从大到小排列。

5.2.5 列表运算

对列表进行 + 和 * 的操作与对字符串的操作相似。+ 用于拼接列表，* 用于重复列表。列表运算说明见表 5-1。

表 5-1　列表运算说明

Python 表达式	结果	描述
len([1, 2, 3])	3	返回列表长度
[1, 2, 3] + [4, 5, 6]	[1, 2, 3, 4, 5, 6]	进行拼接操作
['Hi!'] * 4	['Hi!', 'Hi!', 'Hi!', 'Hi!']	进行重复操作
3 in [1, 2, 3]	True	判断元素是否存在于列表中
for x in [1, 2, 3]: print(x, end=" ")	1 2 3	进行迭代操作

5.2.6　列表截取与字符串操作

Python 的列表截取与字符串操作如例 5-15 所示。

例 5-15　进行列表截取与字符串操作。程序代码如下：

```
L = ['c', 'python', 'java' , 'html']
print(L[1])
print(L[-2])
print(L[1:])
```

针对例 5-15 的程序代码，对列表截取与字符串操作进行说明，见表 5-2。

表 5-2　操作说明

Python 表达式	结果	描述
print(L[1])	'python'	读取第二个元素
print(L[-2])	'java'	从右侧开始读取倒数第二个元素
print(L[1:])	['python','java', 'html']	输出从第二个元素开始的所有元素

5.2.7　列表的拼接

列表支持拼接操作，具体见例 5-16。

例 5-16　对列表进行拼接。程序代码如下：

```
squares = [1, 4, 9, 16, 25]
squares += [36, 49, 64, 81, 100]
print(squares)
```

程序的运行结果如下：

```
[1, 4, 9, 16, 25, 36, 49, 64, 81, 100]
```

5.2.8　列表的嵌套

列表的嵌套是指一个列表的元素又是一个列表。列表嵌套的例子见例 5-17。

例 5-17 列表的嵌套。程序代码如下：

```
a = ['a', 'b', 'c']
n = [1, 2, 3]
x = [a, n]
print(x)
print(x[0])
print(x[0][1])
```

程序的运行结果如下：

```
[['a', 'b', 'c'], [1, 2, 3]]
['a', 'b', 'c']
b
```

5.2.9 列表的内置函数和内置方法

Python 提供的列表的内置函数见表 5-3，列表的内置方法见表 5-4。

表 5-3 列表的内置函数

函数	描述
len(list)	返回列表元素个数
max(list)	返回列表元素最大值
min(list)	返回列表元素最小值
list(seq)	将元组转换为列表

表 5-4 列表的内置方法

方法	描述
list.append(obj)	在列表末尾添加新的对象
list.count(obj)	统计某个元素在列表中出现的次数
list.extend(seq)	在列表末尾一次性追加另一个序列中的多个值（用新列表扩展原来的列表）
list.index(obj)	从列表中找出某个值的第一个匹配项的索引
list.insert(index, obj)	将对象插入列表
list.pop([index=-1])	移除列表中的一个元素（默认最后一个元素），并且返回该元素的值
list.remove(obj)	移除列表中某个值的第一个匹配项
list.reverse()	将列表中的元素进行反向
list.sort(key=None, reverse=False)	对原列表进行排序
list.clear()	清空列表
list.copy()	复制列表

Tuple

5.3 Tuple

Tuple 也称为元组，和列表一样属于线性结构。元组中的数据是有序的。与列表的不同之处在于元组的元素不能修改。

5.3.1 元组的创建

元组使用圆括号包含元素，列表使用方括号包含元素。元组的创建也很简单，只需要在圆括号中添加元素，并使用逗号进行分隔，具体见例 5-18。

例 5-18　创建元组。程序代码如下：

```
tuple1 = ('computer' , 'physics' , 2000 , 1997)
tuple2 = (1 , 2 , 3 , 4 , 5)
tuple3 = "a","b","c","d"
print(tuple1)
print(tuple2)
print(tuple3)
```

与字符串的索引类似，元组的索引也是从 0 开始。

创建一个空元组的代码如下：

```
tup1 = ();
```

如果元组中只包含一个元素，创建元组时需要在元素后面添加逗号，否则括号会被当作运算符使用，例如：

```
>>>tup1 = (50)
>>>type(tup1)        #不加逗号，类型为整型
<class 'int'>

>>>tup1 = (50,)
>>>type(tup1)        #加上逗号，类型为元组
<class 'tuple'>
```

5.3.2 元组的访问

可以通过下标索引来访问元组中的元素，具体见例 5-19。

例 5-19　通过下标索引访问元组。程序代码如下：

```
tup1 = ('python', 'java', 2000, 1997)
tup2 = (1, 2, 3, 4, 5, 6, 7)
print("tup1[0]: ", tup1[0])
```

```
print("tup2[1:5]: ", tup2[1:5])
```

程序的运行结果如下：

```
tup1[0]: python
tup2[1:5]: (2, 3, 4, 5)
```

5.3.3 元组的拼接

元组中的元素是不允许修改的，但可以对元组进行拼接，具体见例 5-20。

例 5-20 拼接元组。程序代码如下：

```
tup1 = (12, 34.56)
tup2 = ('abc', 'xyz')
tup3 = tup1 + tup2          #创建一个新的元组
print(tup3)
```

程序的运行结果如下：

```
(12, 34.56, 'abc', 'xyz')
```

例 5-21 修改元组导致的错误。程序代码如下：

```
tup1 = (12, 34.56)
tup2 = ('abc', 'xyz')
tup1[0] = 100      #修改元组元素的操作是非法的
```

程序的运行结果如下：

```
tup1[0] = 100
TypeError: 'tuple' object does not support item assignment
```

元组中的元素是不允许删除的，但可以使用 del 语句删除整个元组，具体见例 5-22。

例 5-22 删除整个元组。程序代码如下：

```
tup1 = ('python', 'java', 2000, 1997)
print (tup)
del tup;
print ("删除后的元组 tup：")
print (tup)
```

程序的运行结果如下：

```
print (tup)
NameError: name 'tup' is not defined
```

5.3.4 元组的遍历

与列表类似，可以使用 for 循环和 while 循环对元组的元素进行遍历。

5.3.5 元组的内置函数

Python 中提供的元组内置函数见表 5-5。

表 5-5 元组内置函数

函数	描述	实例
len(tuple)	计算元组元素个数	>>> tuple1 = ('python', 'java', 2000, 1997) >>>len(tuple1) 4

max(tuple)	返回元组中元素的最大值	>>> tuple2 = ('5', '4', '8')
		>>> max(tuple2)
		'8'

min(tuple)	返回元组中元素的最小值	>>> tuple2 = ('5', '4', '8')
		>>> min(tuple2)
		'4'

tuple(seq)	将列表转换为元组	>>> list1=['python', 'java', 2000, 1997]
		>>> tuple1=tuple(list1)
		>>>print(tuple1)
		('python', 'java', 2000, 1997)

5.4 Dict

Dict

Dict 也称为字典，与 List 和 Tuple 不同，字典是一种集合结构。它的主要性质为：无序性、确定性和互异性。互异性指的是其元素必须互不相同。创建字典的语法如下：

```
info = {'name' : 'zhangsan' , 'id' : 1001 , 'age':18}
```

上述代码定义了一个字典 info。字典的每个元素都是由键和值两部分组成的。以'name':'zhangsan'为例，'name'为键（key），'zhangsan'为值（value）。创建字典时需要注意以下两点：

（1）不允许同一个键出现两次。创建字典时如果同一个键被赋值两次，则系统只会记住后一个值，例如：

```
info = {'Name': 'xiaowang', 'Age': 18, 'Name': 'zhangsan'}
print ("info['Name']: ", info['Name'])
```

上述代码的输出如下：

```
info['Name']: zhangsan
```

（2）键不能变化，键可以为数字、字符串或元组，但不能为列表，例如：

```
info = {['Name']: 'zhangsan', 'Age': 18}
print ("info['Name']: ", info['Name'])
```

上述代码运行时将出现如下错误：

```
TypeError: unhashable type: 'list'
```

5.4.1 字典的访问

Dict 的访问与 List 和 Tuple 类似，但必须用 key（键）作为索引，具体见例 5-23。

例 5-23 通过键值访问字典。程序代码如下：

```
info = {'name':'zhangsan','id':1001,'age':18}
print(info['name'])
print(info['age'])
```

程序的运行结果如下：

```
zhangsan
18
```

可以通过以下两种方法访问字典元素：

（1）使用 in 操作符，例如：

```
info = {'name':'zhangsan','id':1001,'age':18}
if 'name' in info:
print(info['name'])
```

in 操作符会在 Dict 所有的 key 中进行查找，如果找到所需要的 key 就返回 True，否则返回 False。

（2）使用 get 方法，例如：

```
print(info.get('name'))
```

get()方法可以节省 if 判断语句。如果访问一个存在的 key，则返回对应的 value，否则返回 None。

5.4.2 字典的修改

字典是可变的，它支持元素的添加、修改、删除。

例 5-24 添加和修改字典元素。程序代码如下：

```
info = {'name':'zhangsan','id':1001,'age':18}
info['age'] = 20                              #更新 age
```

```
info['class'] = "程序设计 Python"          #添加班级信息
print('age:', info['age'])
print('class:', info['class'])
```

程序的运行结果如下：

```
age: 20
class: 程序设计 Python
```

例 5-25　字典的删除。程序代码如下：

```
info = {'name':'zhangsan','id':1001,'age':18}
info['class'] = "程序设计 Python"          #添加班级信息
print("info['class']",info['class'])
del info['class']                          #删除键 class
print("info['age']",info['age'])           #输出年龄
info.clear()                               #清空字典
print("info['age']",info['age'])           #输出年龄
del info                                   #删除字典
print("info['age']",info['age'])
print("info['class']",info['class'])
```

程序的运行结果如下：

```
Traceback (most recent call last):
info['class'] 程序设计 Python
  File "F:/test/5_1.py", line 7, in <module>
info['age'] 18
print("info['age']",info['age'])
KeyError: 'age'
```

在例 5-25 中，当删除键 class 后，可以输出年龄；当清空字典后，再执行输出年龄的操作时则出现错误，即无法找到 key。

5.4.3　字典的内置函数和内置方法

字典的内置函数见表 5-6，字典的内置方法见表 5-7。

表 5-6　字典的内置函数

函数	描述	实例
len(dict)	计算字典元素个数，即键的总数	>>>dict = {'Name': 'Runoob', 'Age': 7, 'Class': 'First'} >>>len(dict) 3
str(dict)	输出字典，以可打印的字符串表示	>>>dict = {'Name': 'Runoob', 'Age': 7, 'Class': 'First'} >>>str(dict) "{'Name': 'Runoob', 'Class': 'First', 'Age': 7}"

续表

函数	描述	实例
type(variable)	返回输入的变量类型，如果变量是字典就返回字典类型	>>>dict = {'Name': 'Runoob', 'Age': 7, 'Class': 'First'} >>> type(dict) <class 'dict'>

表 5-7　字典的内置方法

方法	描述
dict.clear()	删除字典内的所有元素
dict.copy()	返回一个字典的浅复制
dict.fromkeys(seq[,val])	创建一个新字典，以序列 seq 中的元素作为字典的键，val 为字典所有键对应的初始值。其中，seq 为字典键值列表，val 为可选参数，用于设置键序列的值
dict.get(key, default=None)	返回指定键的值，如果值不存在于字典中则返回 default 值
key in dict	如果键在字典 dict 里返回 True，否则返回 False
dict.items()	以列表形式返回可遍历的(键,值)元组数组
dict.keys()	返回一个迭代器，可以使用 list()来将该对象转换为列表
dict.setdefault(key, default=None)	与 get()类似，但如果键不存在于字典中，将会添加键并将其值设为 default
dict.update(dict2)	把字典 dict2 的键/值对更新到字典 dict 里
dict.values()	返回一个迭代器，可以使用 list() 来转换为列表
pop(key[,default])	删除字典中给定键 key 所对应的值，返回值为被删除的值。若 key 值未给出，则返回 default 值
popitem()	随机返回并删除字典中的最后一个键/值对

5.4.4　字典的遍历

在实际开发中，字典的遍历可以通过 for 循环来完成。下面以下列字典为例进行讲解。

```
info = {'name': 'zhangsan', 'id': 1001, 'age':18}
```

（1）遍历字典的键，示例代码如下：

```
info = {'name': 'zhangsan' , 'id': 1001 , 'age':18}
for key in info.keys():
    print(key)
```

上述代码的运行结果如下：

```
name
id
age
```

（2）遍历字典的值，示例代码如下：

```
info = {'name': 'zhangsan' , 'id': 1001 , 'age':18}
for value in info.values():
    print(value)
```

上述代码的运行结果如下：

```
zhangsan
1001
18
```

（3）遍历字典的元素，示例代码如下：

```
info = {'name' : 'zhangsan' , 'id' : 1001 , 'age':18}
for item in info.items():
    print(item)
```

上述代码的运行结果如下：

```
('name', 'zhangsan')
('id', 1001)
('age', 18)
```

（4）遍历字典的键/值对，示例代码如下：

```
info = {'name': 'zhangsan' , 'id': 1001 , 'age':18}
for key,value in info.items():
    print("key=%s,value=%s"%(key,value))
```

上述代码的运行结果如下：

```
key=name,value=zhangsan
key=id,value=1001
key=age,value=18
```

5.5　阶段案例——编程实现教室排课

阶段案例——
编程实现教室排课

5.5.1　案例描述

已知有 3 个教室和 8 门课程，请编写程序，实现将 8 门课程的上课地点随机分配到 3 个教室。

5.5.2 案例分析

关于数据的存储，本案例采用嵌套列表来实现，外层的 3 个列表分别代表每个教室，教室中的课程列表为外层列表的元素。通过随机函数生成外层列表教室的索引，向随机索引的元素中添加课程名称。循环输出每个教室中安排的课程。

5.5.3 案例实现

1. 实现思路

（1）定义一个包含 3 个空列表的列表 classrooms，该列表中每个空列表代表一个空教室，下标代表教室的索引。

（2）定义一个列表 courses，该列表中存储 8 门课程的名称。

（3）遍历列表 courses 取出每门课程的名称，之后随机选取一个代表教室的空列表，将课程名称添加到其中。

（4）输出每个教室的课程名称。

2. 完整代码

请扫描二维码查看完整代码。

5.6 本章小结

List、Tuple 和 Dict 是 Python 中非常重要的 3 种基本数据结构。其中，List 和 Tuple 有许多共性，但 Tuple 是不可修改的，而 List 允许修改，相对要灵活一些，Dict 可以存储任何类型的键/值对，并且可以进行快速查找，是三者之中最灵活的。本章讲解了 3 种数据结构的创建、元素访问、遍历、增删改、内置函数和内置方法等，通过本章的学习，希望读者能够掌握 3 种数据结构的特点和用法。

5.7 习题

一、选择题

1．下列关于列表的说法中错误的是（　　）。

A．List 可以存放任意类型的元素

B．List 是一个有序集合，没有固定大小

C．List 的下标可以是负数

D．List 的数据类型是不可变的

2．下面程序的输出结果是（　　）（其中 ord("A")=65）。

```
list01=[1,2,3,4,'A','B','C']
print(list01[1],list01[4])
```

A．1,A　　B．2,A　　C．1,65　　D．2, 65

3．执行下面的操作后，list02 的值为（　　）。

```
list01=[1,2,3]
list02=list01
list01[2]=4
```

A．[1,2,3]　　B．[1,4,3]　　C．[1,2,4]　　D．[4,2,3]

4．下列选项中，可以正确定义字典的是（　　）。

A．a=['x',1,'y',2,'z',3]　　B．b={'x',1,'y',2,'z',3}

C．c=('x',1,'y',2,'z',3)　　D．d=['x':1,'y':2,'z':3]

5．若 list1=['one','two',2020,2021]，则 list[-1]的值为（　　）。

A．1　　B．2021　　C．2020　　D．0

6．运行下述程序的结果是（　　）。

```
list1=['a',5,'b',6]
del lsit1[1:3]
print(list1)
```

A．[5,6]　　B．['a',6]　　C．['b',6]　　D．[5,'b']

7．表达式 len(range(1,10))的值是（　　）。

A．10　　B．9　　C．2　　D．1

8．运行下列程序后的结果是（　　）。

```
tuple1 = ('a','b','c')
tuple1[0] = 'd'
print(tuple1)
```

A．('d','b','c')　　B．('a','b','c','d')

C．('a','d','c')　　D．程序运行出错

9．运行下列程序后的结果是（　　）。

```
L1 = [11, 22, 33]
L2 = [22, 33, 44]
```

```
for i2 in L2:
    if i2 not in L1:
        print(i2)
```

A．44　　B．33　　C．22　　D．11

10．运行下列程序后的结果是（　　）。

```
s = "alex"
li = tuple(s)
print(li)
```

A．('a','l','e','x')　　B．['a','l','e','x']

C．{'a','l','e','x'}　　D．程序运行出错

二、程序分析题

1．分析判断以下程序是否可以编译通过？若能编译通过，请列出运行结果；否则，请说明编译失败的原因。

```
tup01 = ('1','2','3')
tup01[3]='d'
print(tup01)
```

2．分析判断以下程序是否可以编译通过？若能编译通过，请列出运行结果；否则，请说明编译失败的原因。

```
list01 = [2,5,1,7,0,6,9,3]
list01.reverse()
print(list01[3])
list01.sort()
print(list01[3])
```

3．定义一个函数 func(listinfo)，其中 listinfo 为列表，列表被初始化为 listinfo=[133,88,24,33,232,44,11,44]。阅读理解以下程序，给出程序的运行结果。

```
def func(listinfo):
    for x in listinfo:
        try:
            result = filter(lambda k: k < 100 and k % 2 == 0, listinfo)
        except Exception as a:
            return a
        else:
            return result
list0=func([133,88,24,33,232,44,11,44])
```

```
for a in list0:
    print(a)
```

三、编程题

1．统计英文句子“Python is an interpreted language”中有多少个单词。

2．输入一个字符串，将其反转并输出。

3．计算一个列表元素的和。

4．已知一个字典包含若干员工信息（姓名和性别），请编写一个函数，删除性别为男的员工信息。

5．使用字典存储学生的信息：学号和姓名。将学生的信息按照学号由小到大进行排列，然后输出。

6．请编写一个程序，实现删除列表中重复元素的功能。

第6章 函数

6.1 函数介绍

前面我们介绍了基本数据类型、字符串输入输出和控制语句，读者利用它们已经能够编写一些简单的Python程序。但在实际项目开发中，程序的规模通常比较大，且经常会执行相同的逻辑，这时就需要多次重复编写实现此逻辑的程序代码，这将使得程序变得冗长、不精练，阅读和维护程序也十分困难。例如，我们知道圆的面积计算公式为

$$S = \pi r^2$$

当我们知道半径 r 的值时就可以根据公式计算出圆的面积。假设我们已知一个圆的半径为2，使用如下代码计算圆的面积：

```
radius=2
pie=3.14
s=pie*radius*radius
```

上述是一段合理的代码，但是缺乏通用性。它只适用于计算变量radius和pie为固定值的情况。如果想计算其他不同半径的圆的面积时，就需要复制这段代码，更改表示圆的半径的变量 radius 的值，然后再重复地用圆的面积公式pie*radius*radius计算圆的面积，这样不仅很麻烦，而且程序中将包含多个几乎相同的代码块，这是件很糟糕的事情。因为一个程序中相同的代码块越多就越难进行维护。想象一下，假如我们想要提高圆面积的计算精度，要把圆周率从3.14改为3.141592，那么就需要在计算圆面积的代码块处对变量pie进行全部替换。

其实，在实际项目开发中，如果有若干段代码的执行逻辑完全相同，那么可以考虑将这些代码抽取成一个函数，这样程序的条理会更加清晰、可靠性更高。函数用于实现一定的功能，主要有以下两个作用：

（1）减少代码冗余，提高代码重复利用率。与现代编程语言一样，Python中的函数是一种用来实现单一或相关联功能的代码段，它能够提高应用的模块化

和代码的重复利用率。函数整合了具有一定功能的通用性代码，以便这些代码能够在之后的程序中多次使用，并为后续的代码维护工作提供十分有利的条件。

（2）程序模块化。函数提供一种复杂问题求解时实现各个击破的方法。当我们面对一个复杂问题时，往往可以将这个问题分解为多个子问题，独立实现对子问题的求解要比直接解决复杂问题容易得多。每个子问题我们都可以使用一个特定的功能函数来解决，然后将这些函数组织在一起就可以实现对复杂问题的解决。每个函数用来实现一个尽可能简单的功能就体现了程序设计中的模块化思想。其实除了函数之外，还有类、包等概念，我们会在后续章节详细介绍。

另外，Python 提供了很多内建函数，例如，print 函数实现了向控制台打印信息的功能；int 函数可以将一个非整数类型的对象转化为整数类型；range 函数可以返回一个迭代序列等。这些函数都是 Python 自带的，需要时可以直接在程序中调用函数，不用额外定义。除了 Python 自己定义的内建函数之外，在实际开发中，大部分函数其实都是程序员自己定义的。Python 提供了用于定义函数的专门语法，我们将在下一节中介绍。

6.2　函数的定义

函数的定义

在 Python 中可以自己定义实现某个功能的函数。自定义函数的语法格式如下：

```
def 函数名(参数 1,参数 2,…参数 n):
    函数体
```

其中，关键字 def 首先告诉 Python 将要定义一个函数；函数名一般由有意义的英文字符串和下划线组成，用于指出该函数所完成的具体功能；函数名后面紧跟的小括号中包含了 0 个或多个类型参数，在调用函数的时候，这些参数就是函数为完成功能所需要输入的数据；冒号（:）告诉 Python 解释器后面是程序执行的主体，也就是函数体，方便理解程序，函数体通常会缩进，当调用函数时，Python 会执行整个函数体。

有时函数体会包含 return 语句。如：

```
def 函数名(参数 1,参数 2,…参数 n):
    函数体
    return 表达式
```

这里的 return 语句出现在函数定义的结尾处，其实它可以出现在函数主体中的任何地方，表示函数调用的结束，并将结果返回至函数调用处。return 语句包含了一个对象表达式，该表达式给出了函数的最终结果，用于返回给调用该函数的上级程序。return 语句是可选的，如果没有 return 语句，那么函数将会在控制执行完函数主体时结束并自动返回一个空对象（None），这个空对象往往被上级程序忽略。例如，定义找到两个数中较大数的 max 函数：

```
def max(x,y):
    if x > y:
        return x
    else:
        return y
```

该代码段中定义了能接收两个参数的函数。其中 x 为第 1 个参数，用于接收函数传递的第 1 个数值；y 为第 2 个参数，接收的是函数传递的第 2 个数值。另外函数主体有两个 return 语句，具体执行哪个 return 语句要根据 if 语句中的判断条件 x>y 来决定。如果判断条件成立，返回 x；否则返回 y。

定义了函数之后，就相当于有了一段具有特定功能的代码，要想让这些代码能够执行，需要调用函数。调用函数的方式也很简单，通过使用函数名并在函数名后的小括号中写出传递给该函数的具体参数即可。例如：

```
>>>a=max(2,4)
>>>a
4
```

表达式 max(2,4)传递了两个参数给 max 函数。函数头部的变量 x 被赋值为 2，y 被赋值为 4，之后开始运行函数的主体。这个函数中的主体是一个选择结构，首先通过 if 语句中的判断条件判断出 x 小于 y，所以应该执行 else 中的 return 语句，即返回 y 值作为函数表达式的值。上述代码将 y 值赋值给变量 a，完成对 max 函数的调用。

6.3 函数的参数

函数的参数

6.3.1 默认参数

在上节中，我们定义了一个 max 函数，并给出了该函数的调用方法，在调用该函数时，需要传递的数据和定义的参数一一对应。本小节我们将介绍函数的默认参数。定义函数时允许默认参数使用默认值，即在调用该函数时可以给该函数传递值，也可以使用默认值。例如，下面定义的函数 f 就有两个默认参数。

```
>>>def f(a,b=2,c=3):
        print(a,b,c)
```

默认参数就是可选的参数，在调用函数时，如果没有传入值，默认参数就被赋予了默认参数值。当调用上述这个函数的时候，我们必须为不是默认参数的 a 传递值，而默认参数 b 和 c 的值是可选的，如果不给 b 和 c 传递值，它们会分别被默认赋予 2 和 3。下面给出了该函数的调用情况：

```
>>>f(1)
1 2 3
>>>f(a=1)
1 2 3
```

上述代码给出了两种相同的调用方法。第一种调用方法中数字 1 会默认地传递给参数 a；第二种调用方法在调用函数时给参数 a 直接进行了赋值，而参数 b 和 c 使用了默认值。下面代码给出了如何对默认参数进行赋值。

```
>>>f(1,4)
1 4 3
>>>f(1,4,5)
1 4 5
```

用上述代码中第一种方法调用函数的时候，给函数传递两个值，只有 c 得到默认值，当有三个参数值传递时（第二种方法），不会使用默认值。

我们也可以在调用函数时给默认参数 b 和 c 进行赋值，比如：

```
>>>f(1,c=6)
1 2 6
```

上述代码中，数字 1 赋值给了参数 a，参数 c 通过关键字得到了 6，而参数 b 使用的是默认值。一般情况下，我们要按顺序给函数传递参数，如果参数顺序不对应，就会传错值。不过在 Python 中，可以通过关键字来给函数传递参数，而不用关心参数列表定义时的顺序。

这里需要注意的是，带有默认值的参数一定要位于参数列表的最后，否则程序会报错。例如：

```
>>>def f(b=2,a,c=3):
        print(a,b,c)
```

上述代码执行结果如下：

```
SyntaxError: non-default argument follows default argument
```

6.3.2 不定长参数

通常在定义一个函数时，若希望函数能够处理的参数个数比当初定义函数时的参数个数多，则可以在函数中使用不定长参数。Python 提供了元组和字典的方式来接收没有直接定义的参数。在使用元组接收参数时，需要在定义函数参数的前边加星号 *；而在使用字典接收参数时，需要在定义函数参数的前边加双星号 **。首先来看使用元组方式接收参数的方法。例如：

```
>>>def f(*args):
        print(args)
```

当这个函数被调用时，Python 将所有相关参数收集到一个新的元组中，并将这个元组赋值给变量 args。下面给出关于该函数的调用：

```
>>>f()
()
>>>f(1)
(1,)
>>>f(1,2,3,4)
(1, 2, 3, 4)
```

上述代码中，在第一次调用函数 f 的时候，没有传入任何参数，元组也就收集不到参数，所以输出为空，在后面两次调用中使用了不同数目的参数，元组会收集这些参数。

使用字典方式接收参数类似，但是该方式只对调用函数中存在赋值语句的参数有效。具体是将这些带有赋值语句的参数传递到一个字典中，然后使用处理字典的方法处理这些参数。例如：

```
>>>def f(**args):
      print(args)
>>>f()
{}
>>>f(a=1,b=2)
{'a':1,'b':2}
```

上述代码中，若调用函数时有传递参数，args 字典为空；当使用带有关键字参数的赋值语句传递参数的时候，会将参数转换为字典的形式供函数体使用。

在定义函数时，多数情况下函数参数是混合在一起的。函数会通过包含一般参数、*参数、**参数来实现更加灵活的调用方式。例如：

```
>>>def f(a,*args,**kargs):
```

```
        print(a,args,kargs)

>>>f(1,2,3,x=1,y=2)
1,(2,3){'x':1,'y':2}
```

上述代码中，在调用函数时，普通参数 a 会按照参数的位置最先被赋值为 1；2 和 3 由于没有普通参数接收，所以被元组 args 收集；x 和 y 会被放入 kargs 字典中。

6.3.3 函数传值问题

在调用函数的时候需要传递参数，这些参数会在函数体中被使用和修改。那么这些被传递给函数处理的参数对调用该函数的程序有什么影响呢？我们先看下面一段程序代码：

```
>>>def fun(a):
        a =100

>>>num=1
>>>fun(num)
>>>num
1
```

这段程序首先定义了一个函数 fun，然后定义了一个变量 num。在调用函数 fun 的时候使用变量 num 作为参数，然后查看 num 的值，发现该值还是 1 而不是 100，为什么呢？也就是说，为什么函数 fun 没有更改 num 的值呢？这主要是因为在函数参数的传递过程中，参数的更改与否也与传递的参数的数据类型有关。

在第 2 章中我们介绍了 Python 的基本数据类型，这些数据类型对象可以分为可更改类型对象和不可更改类型对象。在 Python 中，字符串、整型、浮点型，元组是不可更改的对象，而列表、字典是可以更改的对象。

对于不可更改的类型对象，变量赋值语句“a = 1”就是生成一个整型对象 1，然后将变量 a 指向 1；语句“a = 1000”就是再生成一个整型对象 1000，然后改变 a 的指向，使其不再指向整型对象 1，而是指向 1000，1 会被丢弃。将不可更改类型对象传递给函数的时候，如 fun(num)，传递的只是对象 num 的值，在函数体内修改的只是另一个复制的对象，不会影响 num 本身。图 6-1 给出了函数在传递不可更改变量参数时该变量参数的变化情况。

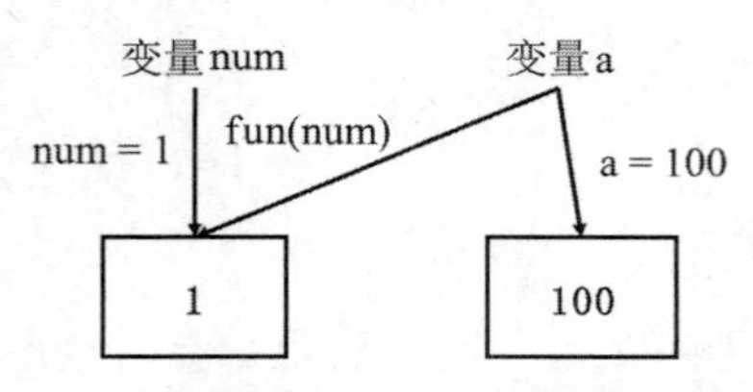

图 6-1　不可更改类型变量作为函数参数时的变化

对于可更改的类型对象 a，假设有变量赋值语句“num_list = [1,2,3,4,5,6]”，该语句将生成一个对象列表，列表里面有 6 个元素，如果将变量 a 指向该列表，num_list[2] = 5 则是将指向该列表的 a 的第三个元素值进行更改。注意，这里并不是将 a 进行重新指向，而是直接修改列表中的元素值。例如：

```
>>>def fun(a):
      a[2] = 5


>>>num_list = [1,2,3,4,5,6]
>>>fun(num_list)
>>>num_list
[1,2,5,4,5,6]
```

在上述代码中，我们将列表（num_list）作为参数传递给函数 fun，并在函数体中对列表进行了修改，根据 num_list 输出结果可以发现，在函数中对列表修改后会对函数外部的 num_list 值造成影响。图 6-2 给出了函数在传递可变类型变量时参数的变化情况。

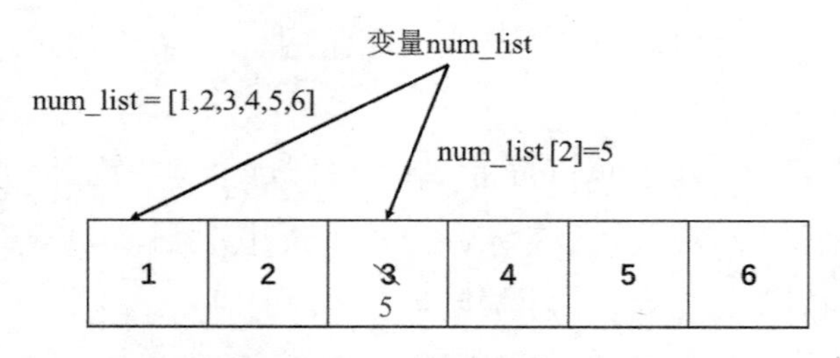

图 6-2　可更改类型变量作为函数参数时的变化

6.4　函数的递归

一个函数可以在它的函数体中调用其他函数。如果在调用一个函数的过程中又出现调用该函数本身，那么这个函数就是递归函数。下面通过一个计算阶乘 $n!=1\times2\times3\times\cdots\times n$ 的例子来演示递归函数的使用。代码如下：

```
>>>def fun(n):
    if n == 1:
        return 1
    else:
        return n * fun(n-1)
>>>fun(5)
120
```

图 6-3 描述了计算阶乘 5!的算法执行过程。

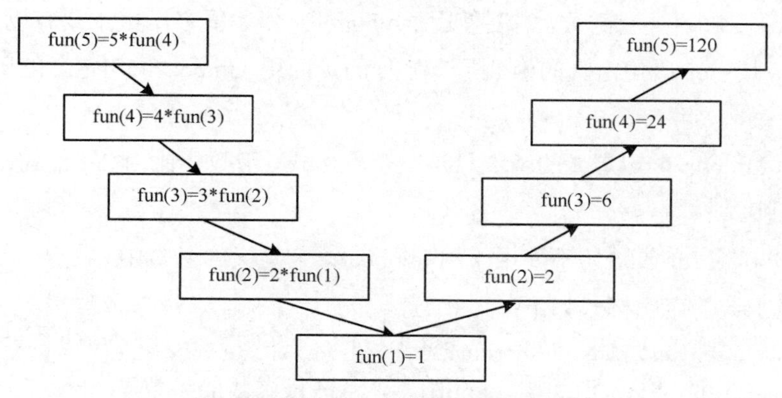

图 6-3　递归函数计算阶乘 5!的示意图

关于阶乘 n!的计算，可以使用数学公式表述如下：

$$n!=1 \quad (n=1)$$
$$n!=n(n-1)! \quad (n>1)$$

上述表述是一种归纳定义，它将求解阶乘的步骤分为两部分：第一部分是给出一个具体的 n 取 1，计算得到 n!的取值为 1；第二部分当 n 大于 1 时，使用了递归表达式，该表达式求解 n!的问题转换为求解(n-1)!的问题。其实，这两部分之间具有一定的关系，在求解的过程中，第二部分会不断地分解问题直到得到第一部分给出的值为止，最后求得整个问题的解。

关于函数的递归问题也可以使用循环语句来解决，下面给出了使用循环语句解决阶乘问题的代码。

```
>>>def fun(n):
    result= 1
    while n > 1:
        result = result * n
```

```
            n -= 1
        return result
>>>fun(5)
120
```

6.5 匿名函数

简单来说，匿名函数就是没有名称的函数，也就是不需使用 def 语句定义的函数。如果要声明匿名函数，需要使用 lambda 关键字。匿名函数主要有以下特点：

（1）用 def 语句定义的函数是有名称的，而用 lambda 语句定义的函数没有名称。

（2）lambda 语句定义的函数只是一个表达式，函数体比用 def 语句定义的函数简单很多。

（3）if 或 for 等语句不能用于用 lambda 语句定义的函数中。

匿名函数的声明格式如下：

```
lambda [arg1 [,arg2,...argn]]:expression
```

上述格式中，“[arg1 [,arg2,...argn]]”表示的是函数的参数，expression 表示的是函数的表达式。例如，下面是声明匿名函数的代码：

```
>>>sum = lambda num1 , num2 : num1 + num2
>>>sum(3,5)
8
```

需要注意的是，尽管 lambda 表达式允许定义简单函数，但是它的使用是有限制的。开发者只能通过 lambda 指定单个表达式，表达式的值就是最后的返回值，也就是说不能包含其他的语言特性了，即不能包括多个语句、条件结构、循环结构、异常处理等。

在某些场景下，匿名函数是非常有用的。假设我们要对两个数进行计算，如果希望声明的函数支持所有的运算，可以将匿名函数作为函数参数进行传递。下面给出了一个演示例子。

```
>>>def fun(a,b,operation):
        print(operation(a,b))
>>>fun(3,5,lambda x, y:x +y)
8
```

```
>>>fun(3,5,lambda x, y:x-y)
-2
```

这里在调用fun函数时，lambda函数作为参数传递给fun函数的形参operation，此时 operation 不再作为变量名，而是作为函数名。该 operation 函数的参数为lambda函数中定义的参数，函数体为lambda表达式。例如，将lambda x,y:x+y传递给形参operation时，函数operation的形参为x、y，函数体为x+y。

6.6 变量的作用域

Python程序中的变量并不是在哪个位置都可以被访问的，访问权限取决于这个变量是在哪里定义的。比如，下面的一段代码：

```
>>>x = 1
>>>def test():
    x = 3
    print('x 的值是：',x)
>>>test()
3
x 的值是：20
```

上述代码定义了两个相同的变量x，当在test函数中输入变量 x的值时，为什么输出的是3而不是1呢？其实，这就是变量作用域不同导致的。变量的作用域决定了在程序的哪一部分可以访问哪个特定的变量。每个函数都定义了一个新的命名空间，也称为作用域。Python中的变量一般分为全局变量和局部变量。

局部变量指的是定义在函数内的变量。局部变量只在此函数范围内有效，也就是说只有在此函数内才能引用它们，在此函数以外是不能使用这些变量的。不同的函数可以定义相同名字的局部变量，不会对各函数内的变量产生影响。示例代码如下：

```
>>>def test_one():
       number=100
       print('test_one 中的 num 值为：',number)

>>>def test_two():
       number=200
       print('test_two 中的 num 值为：',number)
```

```
>>>test_one()
test_one 中的 num 值为：100
>>>test_two()
test_two 中的 num 值为：200
```

全局变量的作用域大于局部变量。全局变量一般定义在函数外部，在使用的时候分为两种情况。

（1）全局变量只是作为引用，在函数中不修改它的值。示例代码如下：

```
>>>a = 100
>>>def test():
        print('a 的值为：',a)
>>>test()
a 的值为：100
```

（2）如果要在函数中修改全局变量，必须使用 global 关键字进行声明，否则会出现错误。示例代码如下：

```
>>> a=100
>>> def test():
        a+=100
        print(a)

>>> test()
Traceback (most recent call last):
  File "<pyshell#19>", line 1, in <module>
    test()
  File "<pyshell#18>", line 2, in test
    a+=100
UnboundLocalError: local variable 'a' referenced before assignment
```

上述程序报错的原因是“在赋值前引用了局部变量 a”，在执行语句“a+=100”之前，我们是没有声明局部变量 a 的，此时 Python 会把变量 a 当作局部变量，因此，程序会出现上述错误信息提示。

为了使局部变量生效，我们可以在函数内使用 global 关键字对其进行声明，示例程序如下：

```
>>> a=100
>>> def test():
        global a
        a+=100
        print(a)
```

```
>>> test()
200
```

6.7 阶段案例——编程实现图书管理系统

6.7.1 案例描述

阶段案例——
编程实现图书管理系统

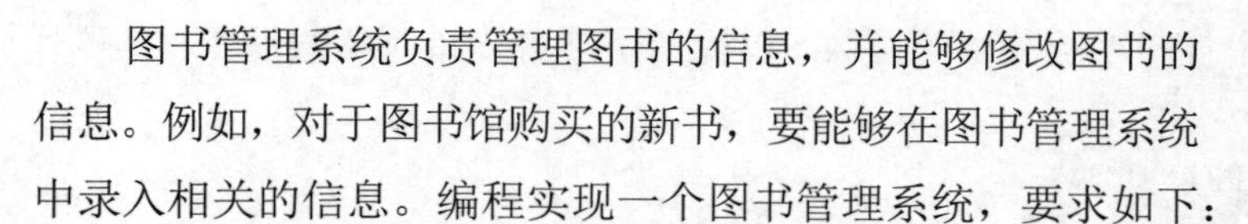

图书管理系统负责管理图书的信息，并能够修改图书的信息。例如，对于图书馆购买的新书，要能够在图书管理系统中录入相关的信息。编程实现一个图书管理系统，要求如下：

（1）使用自定义函数完成程序的模块化。

（2）图书信息至少包括书名、作者和价格。

（3）该系统具有的功能：添加、删除、修改、显示和退出系统。

6.7.2 案例分析

根据案例要求，设计思路如下：

（1）提示用户选择功能。

（2）获取用户选择的功能序号。

（3）根据用户的选择分别调用不同的函数并执行相应的功能。

图书管理系统功能示意图如图 6-4 所示。

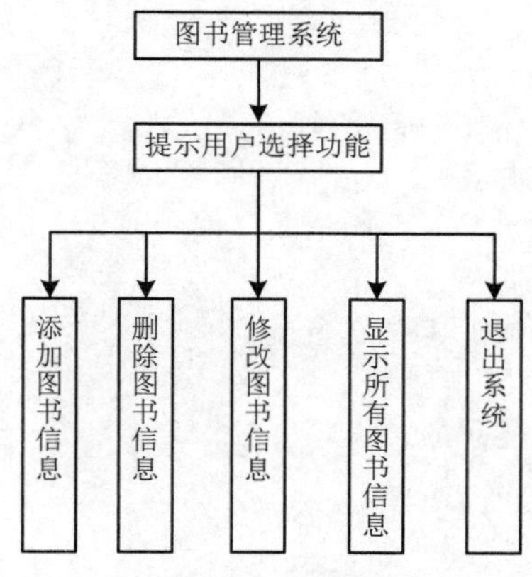

图 6-4　图书管理系统功能示意图

6.7.3 案例实现

1. 实现思路

根据案例要求编写代码，实现具体功能。具体步骤如下：

（1）新建一个列表，用来保存图书的所有信息。代码如下：

```
#用来保存图书的所有信息
book_infos = []
```

（2）定义一个打印功能菜单的函数，以提示用户可以进行哪些操作。具体代码如下：

```
#打印功能提示
def print_menu():
    print("=" * 30)
    print("图书管理系统 V1.0 ")
    print("1.添加图书信息")
    print("2.删除图书信息")
    print("3.修改图书信息")
    print("4.显示所有图书信息")
    print("0.退出系统")
    print("=" * 30)
```

（3）定义一个用于添加图书信息的函数。在该函数中，要求用户根据提示输入图书的信息，包括书名、作者和价格，使用字典将这些信息保存起来，并添加到 book_infos 数组中。具体代码如下：

```
#添加一本图书的信息
def add_info():
    #提示并获取图书名
    new_name = input("请输入新书的名字：")
    #提示并获取图书的作者
    new_author = input("请输入新书的作者：")
    #提示并获取图书的价格
    new_price = input("请输入新书的价格：")
    new_infos = {}
    new_infos['name'] = new_name
    new_infos['author'] = new_author
    new_infos['price'] = new_price
    book_infos.append(new_infos)
```

（4）定义一个用于删除图书信息的函数。在该函数中，需要提示用户选择要删除的图片的序号，之后使用 del 语句删除相应的图书信息。具体代码如下：

```
#删除一条图书信息
def del_info(book):
    del_number = int(input("请输入要删除的图书的序号：")) - 1
    del book[del_number]
```

（5）定义一个用于修改图书信息的函数。在该函数中，根据提示输入图书的信息，包括序号、书名、作者和价格。根据图书的序号获得保存在列表中的字典，并用这些新输入的信息替换字典中的旧信息。具体代码如下：

```
#修改一本图书的信息
def modify_info():
    book_id = int(input("请输入要修改的图书的序号："))
    new_name = input("请输入新书的名字：")
    new_author = input("请输入新书的作者：")
    new_price = input("请输入新书的价格：")
    book_infos[book_id - 1]['name'] = new_name
    book_infos[book_id - 1]['author'] = new_author
    book_infos[book_id - 1]['price'] = new_price
```

（6）定义一个显示所有图书信息的函数。在该函数中，遍历保存图书信息的列表，再一一取出每个图书的详细信息，并按照一定的格式进行输出。具体代码如下：

```
#定义一个用于显示所有图书信息的函数
def show_infos():
    print("=" * 30)
    print("图书的信息如下：")
    print("=" * 30)
    print("序号    书名    作者    价格")
    i = 1
    for temp in book_infos:
        print("%d %s %s %s" % (i, temp['name'], temp['author'], temp['price']))
        i += 1
```

（7）定义一个 main 函数，用于控制整个程序的流程。在该函数中，使用一个无限循环保证一直能接收用户的输入。在循环中，打印功能菜单提示用户输入选择相应的功能，之后获取用户的输入，并使用 if-else 语句区分不同序号所对应的功能。具体代码如下：

```
def main():
    while True:
```

```
        print_menu()                    #打印功能菜单
        key = input("请输入功能对应的数字：")    #获得用户输入的序号
        if key == '1':                  #添加图书的信息
            add_info()
        elif key == '2':                #删除图书的信息
            del_info(book_infos)
        elif key == '3':                #修改图书的信息
            modify_info()
        elif key == '4':                #查看所有图书的信息
            show_infos()
        elif key == '0':                #退出系统
            quit_confirm = input("真的要退出吗？（Yes or No)：")
            if quit_confirm == "Yes":
                break                   #结束循环
            else:
                print("输入有误，请重新输入")
```

（8）调用 main 函数。

```
main()
```

2. 完整代码

请扫描二维码查看完整代码。

6.8 本章小结

本章主要介绍了如何在 Python 中使用函数，包括函数的定义、函数的参数、递归函数和匿名函数。函数可以减少代码冗余，提高程序的模块独立性，在实际开发中，经常需要程序员自己定义函数，希望读者能够用好函数，并学会借助互联网查询学习函数的相关知识。

6.9 习题

一、选择题

1．阅读程序：

```
def test(a,b,*args):
```

```
    print(args)
test(11,22,33,44,55)
```

运行上述程序，最终输出的结果为（　　）。

A．(11,22,33)　　　　B．(33,44,55)

C．(11,22,33,44,55)　　　　D．(44,55)

2．阅读程序：

```
a = 10
b = 30
def func(a,b):
    a = a + b
    return a
b = func(a,b)
print(a,b)
```

运行程序，程序最终输出的结果为（　　）。

A．10,30　　B．10,40　　C．40,30　　D．40,40

3．阅读程序：

```
def sum(a,b):
    temp = b
    b = a
    a = temp
    return (a,b)
print(sum(b=11,a=22))
```

运行程序，最终输出的结果为（　　）。

A．11,22　　　　B．22,11

C．没有任何输出　　　　D．程序出现错误

4．阅读程序：

```
def info(age,name="小明"):
    print("%s 的年龄为%d"%(name,age))
info(28,'小红')
```

运行上述程序，最终输出的结果为（　　）。

A．28 的年龄为小明　　　　B．28 的年龄为小红

C．小红的年龄为 28　　　　D．小明的年龄为 28

5．阅读程序：

```
def test(a,b,*args, **kwargs):
```

```
        print(args)
        print(kwargs)
    test(11,22,33,44,m=55)
```

运行程序，最终输出的结果为（　　）。

A．(11, 22) {'m': 33}　　B．(11, 22) {'m': 55}

C．(33, 44) {'m': 55}　　D．(33, 44) {'m': 11}

二、简答题

1．什么是函数的返回值？

2．什么是局部变量？什么是全局变量？请简述它们之间的区别。

三、编程题

1．编写函数，用于求一个自然数中所有数字的和。提示：例如自然数 123 中的所有数字的和为 6。

2．定义一个函数，用于判断输入的年份是否是闰年。具体要求如下：

（1）输出提示信息：请输入一个年份。

（2）输出判断结果：若是闰年，则输出“是闰年”，否则输出“不是闰年”。

3．编写一个函数，其功能是求两个正整数的最小公倍数。

第 7 章　面向对象

程序设计方法分为面向过程的程序设计和面向对象的程序设计。Python 是一种面向对象的程序设计语言，了解面向对象的编程思想对于学习 Python 开发相当重要。在本章中，将为读者详细讲解如何使用面向对象编程（OOP）的思想开发 Python 应用。

7.1　面向对象的概念

面向对象是一种符合人类思维习惯的编程思想。现实生活中存在着各种形态不同的事物，这些事物之间存在着各种各样的联系。在程序中使用对象来映射现实中的事物，使用对象之间的关系来描述事物之间的联系，这种思想就是面向对象。

提到面向对象，自然会想到面向过程。面向过程就是分析出解决问题所需要的步骤，然后用函数对应步骤来实现，使用的时候依次调用即可。面向对象则是把构成问题的事物按照一定规则划分为多个独立的对象，然后通过调用对象的方法来解决问题。

OOP 技术提升了软件的重用性、灵活性和扩展性。下面将介绍 OOP 的核心概念和基本特征。

（1）OOP 的核心概念。

- 对象（object）。客观世界中的各种事物都可以视为对象。每个对象有其各自的属性，比如树木的属性有树种、外形特点等；对象还有自己的行为特征，比如树木能够生长、开花、结果等。在计算机中要处理的对象是设计任务中的一个实体，经过抽象后，实体由属性和行为构成。属性也称为状态，行为在程序设计中也称为方法或操作。OOP 中对象属性由对象中的变量来反映，而方法通常对应的是函数。

- 类（class）。类是相同类型对象共同特征的抽象集合，对象则是类的实例。类在 Python 中也可以看作是一种数据类型。内置的数据类型如字符串、列表等都可以看作一种类。另外，用户也可以通过自己定义类来反映实体的抽象特征。定义类后，实例化类就得到类的对象，就像使用内置类型创建各种类型的变量一样。
- OOP 提供了对象之间的通信机制，程序通过执行对象中的各种方法来改变对象的属性，从而使对象发生某些事件。对象发生某些事件时，通常向其他有关对象发送消息并请求处理，因此程序的执行表现为一组对象之间的交互通信。对象之间的通信要通过公共接口，在类中声明的 public 成员变量便是对象的对外公共接口。OOP 首先要把程序设计任务抽象分解为多个功能独立的对象（类），再基于对象之间的交互来解决复杂的问题，这样便可以很好地实现项目的分割和组合。

（2）OOP 的基本特征。OOP 的基本特征有封装（Encapsulation）、继承（Inheritance）和多态（Polymorphism）。

- 封装。封装是面向对象的核心思想。将对象的属性和行为封装起来，不需要让外界知道具体实现细节，这就是封装的思想。例如，用户使用计算机，无需知道计算机内部是如何工作的，只需要使用手指敲键盘即可。即使用户知道计算机的工作原理，但在使用时也并不完全依据计算机的工作原理进行工作。
- 继承。继承主要描述的是类与类之间的关系。通过继承，可以在无需重新编写原有类的情况下对原有类的功能进行扩展。例如，有一个汽车类，该类中描述了汽车的普通特性和功能，而轿车类中不仅应该包含汽车的特性和功能，还应该增加轿车特有的功能。这时，可以让轿车类继承汽车类，然后在轿车类中单独添加轿车的特性和方法即可。继承不仅增强了代码的复用性，提高了开发效率，还为程序的维护提供了便利。
- 多态。多态指的是在程序中允许出现重名，是指在一个类中定义的属性和方法被其他类继承后，它们可以具有不同的数据类型或表现出不同的行为，这使得同一个属性和方法在不同的类中具有不同的语义。例如，当听到 Cut 这个单词时，理发师的行为是剪发，演员的行为表现是停止表演，即不同的对象所表现的行为是不一样的。

7.2　类和对象

7.2.1　创建类

使用 class 创建一个新类。类的定义格式如下：

```
class 类名:
    数据成员
    方法
```

其中，class 是关键字，类的成员包括数据成员和方法两部分，具体见例 7-1。

例 7-1　定义类。程序代码如下：

```
Class MyCalss:
    data=""                    #定义数据成员
    def fun(self):              #定义方法
        self.data="data1"
        print(self.data)
```

注意：类的定义从 class 开始，但没有特定的界定符用来表示类的结束，需要通过代码行的缩进来表示类的结束。

7.2.2　创建对象

创建类的目的是使用类来定义对象，对象的创建格式如下：

```
对象名=类名()
```

或

```
对象名=类名(参数表)
```

其中，参数表是可选的，根据类的初始化函数是否需要参数来确定是否有参数表。

例如，调用 MyCalss 对象，并通过该对象调用 fun()方法的代码如下：

```
t = MyCalss ()    #定义对象
t.fun()           #调用类的方法
```

上述代码创建了一个新的类实例，并将该对象赋给局部变量 t，t 初始时为空的对象。运行以上程序的输出结果如下：

```
data1
```

7.2.3 属性

属性分为对象属性和类属性。对象属性属于对象（也称实例数据成员或实例变量），同一个类的不同对象之间互相独立，用于描述对象的属性；类属性不属于任何一个对象，而是该类所有对象共享的，因此也称为类变量。例如，每个学生对象都有自己的学号、姓名、性别，如果要记录学生人数，则需要增加一个类属性 stu_count。对象属性只能通过对象名进行访问，而类属性则可以通过类名或对象名进行访问。对象属性与类属性的应用见例 7-2。

例 7-2 对象属性与类属性的应用。程序代码如下：

```
class Student:
    stu_count = 0         #这是类属性，没有 self.前缀，并且写在方法外
    __weight = 0          #定义私有属性，私有属性在类外部无法直接进行访问
    def set(self,no_1,name_1,sex_1,weight_1):
        self.no=no_1            #3 个对象数据成员，写在方法里，有 self.前缀的是实例属性
        self.name=name_1   #nam_1 写在方法里，但没有 self.前缀，是一个局部变量
        self.sex=sex_1
        __weight=weight_1
        Student.stu_count+=1 #操作类属性要写类名，每设置一个学生的信息，学生数量加 1
    def display(self):
        print('No:',self.no,'Name:',self.name,'Sex:',self.sex,'weight:',self.__weight)

#定义学生类对象 stu1、stu2，并调用方法实现两个学生对象的设置和显示
stu1=Student()
stu1.set('180805210','wang','F',55)
stu1.display()
stu2=Student()
stu2.set('180805211','chen','M',70)
stu2.display()
#分别通过类名和对象名访问 stu_count
print('学生对象数量：',Student.stu_count)
print('学生对象数量：',stu1.stu_count)
print('学生对象数量：',stu2.stu_count)
print('学生 No：',stu2.no)
```

程序的运行结果如下：

```
No: 180805210 Name: wang Sex: F
No: 180805211 Name: chen Sex: M
```

```
学生对象数量：2
学生对象数量：2
学生对象数量：2
学生 No：180805211
```

7.2.4 方法

类的方法描述了对其数据成员的操作。在类的内部，使用 def 关键字来定义方法。与一般的函数定义不同，类方法必须包含参数 self，且为第一个参数。self 代表的是类的实例。如例 7-2 中的设置学生信息的方法 set()和显示学生信息的方法 display()。

在类中定义的方法根据其作用可以分为 4 类：公有方法、私有方法、静态方法和类方法。其中，最常用的是公有方法和私有方法。关于静态方法和类方法，这里不再详述，有兴趣的读者可以查阅相关资料进行更深入的学习。

公有方法和私有方法的不同主要表现为以下几点：

（1）名称不同。定义方法时，方法名称以双下划线（__）开始的是私有方法。

（2）访问权限不同。公有方法可以在类内、类外通过对象名直接调用，但私有方法只能在类内的方法中通过 self 调用，不能在类外通过对象名直接调用（但可以通过 Python 提供的特殊方式调用），具体见例 7-3。

例 7-3 定义方法。程序代码如下：

```
class score:
    #构造方法
    def __init__(self,stu_no,stu_name,sc_list):
        self.no = stu_no
        self.name = stu_name
        self.score_list = sc_list
        self.aver = self.__average(sc_list)
    #计算平均成绩
    def __average(self,sc_list):
        return int((sc_list[0]+sc_list[1]+sc_list[2])/3)

    #获取平均值
    def get_aver(self):
        return self.aver

    #显示学生成绩
    def display(self):
        print('NO:',self.no,'Name:',self.name)
```

```
            print('Score(1-3):',self.score_list[0],self.score_list[1],self.score_list[2])
            print('Average:',self.aver)
    #定义对象，调用方法
sc_1 = Score('18080526','wang',[80,70,90])
sc_1.display()
print('Average:',sc_1.get_aver())
```

程序运行的输出结果如下：

```
NO: 18080526 Name: wang
Score(1-3): 80 70 90
Average: 80
Average: 80
```

例 7-3 中的 display()方法是公有方法，可以在类外通过对象直接访问，即 sc_1.display()；获取平均值的__average()方法是私有方法。

7.2.5 构造方法

类有一个名为 __init__() 的特殊方法（也称构造方法），该方法在类实例化时会自动被调用，例如：

```
def __init__(self):
    self.data = []
```

类定义了 __init__() 方法，类的实例化操作会自动调用 __init__() 方法。如当执行 7.2.2 节中实例化类 MyClass 的语句 t = MyCalss ()时，对应的 __init__() 方法就会被调用。

__init__() 方法可以有参数，参数通过 __init__() 传递到类的实例化操作中，具体见例 7-4。

例 7-4 带参数的__init__() 方法实例。程序代码如下：

```
class Complex:
    def __init__(self, realpart, imagpart):
        self.r = realpart
        self.i = imagpart
x = Complex(3.0, -4.5)
print(x.r, x.i)
```

程序运行的输出结果如下：

```
3.0 -4.5
```

思考：一旦类中定义了带参数的构造方法，那么在创建类的对象时通常要传入相应的参数。但在实际应用中，有的时候我们只需要创建一个空对象，然后再给该对象赋值。例如，列表类型的 list()方法可以用来创建有元素的列表，也可以创建空列表。那么如何编写构造方法才能实现带参数和不带参数时都能正确地创建对象呢？答案是采用默认参数值。

7.2.6　self

self 代表类的实例，而非类。类的方法与普通的函数只有一个区别：类的方法必须有一个额外的第一个参数，按照惯例，该参数的名称是 self，具体见例 7-5。

例 7-5　self 实例。程序代码如下：

```
class Test:
    def prt(self):
        print(self)
        print(self.__class__)
t = Test()
t.prt()
```

程序运行结果如下：

```
<__main__.Test object at 0x000001EAE61554F0>
<class '__main__.Test'>
```

从运行结果可以很明显地看出，self 代表的是类的实例，代表当前对象的地址，而 self.class 则指向类。

self 不是 Python 的关键字，我们把例 7-5 代码中的 self 换成 test 程序也是可以正常运行的，具体代码如下：

```
class Test:
    def prt(test):
        print(test)
        print(test.__class__)

t = Test()
t.prt()
```

上述代码的运行结果如下：

```
<__main__.Test object at 0x000001EAE61554F0>
<class '__main__.Test'>
```

可以看出，此运行结果与例 7-5 的程序运行结果相同。

7.3 阶段案例——编程实现学生选课系统

阶段案例——
编程实现学生选课系统

7.3.1 案例描述

设计一个学生选课系统，用于查询已选课程名称、查询课程成绩、更新所选课程。

7.3.2 案例分析

设计一个学生类，学生具有学号、姓名、课程、分数 4 个属性，在类中定义查询已选课程、查询课程成绩、更新所选课程 3 个方法。

7.3.3 案例实现

1. 实现思路

（1）设计一个学生类 Student。

（2）通过构造方法设置学号、姓名、课程和分数的初始值。

（3）在类中定义查询课程的方法 selectCourse()，用于查询已选的课程；定义查询课程成绩的方法 selectGrade()，用于查询所选课程的成绩；定义更新所选课程的方法 updateCourse()，用于更新所选课程。

2. 完整代码

请扫描二维码查看完整代码。

7.4 封装

通常把隐藏属性方法及方法实现细节的过程称为封装。为了避免类中的属性被外界赋值，可以采用如下方式：

- 把属性定义为私有属性，即在属性名的前面加上两个下划线。
- 添加可以供外界调用的两个方法，分别用于设置属性和获取属性值。

封装的具体应用请参考例 7-6。

例 7-6 封装。程序代码如下：

```
class Person:
    def __init__(self,name,age):
        self.name=name   #姓名，对象的公有属性
        self.__age=age   #年龄，对象的私有属性
    #给私有属性赋值
    def set_age(self,new_age):
        #判断传入参数是否符合要求，符合要求后才赋值
        if new_age >0 and new_age <=120:
            self.__age = new_age
    #获取私有属性
    def get_age(self):
        return self.__age
#创建对象
person= Person("小王",18)
print(person.name)              #通过对象访问对象的公有属性
print(person.get_age())         #通过对象的公有方法获取对象私有属性的值
print(person.__age)             #本行代码是错误的，因为通过对象访问对象的私有属性
```

上述程序运行后，出现如下错误：

```
print(person.__age)
AttributeError: 'Person' object has no attribute '__age'
```

将最后一行代码 print(person.__age)删除或注释掉后，程序运行正常，运行结果如下：

```
小王
18
```

外界可以通过例 7-6 中提供的 set_age()和 get_age()方法分别设置和获取私有属性__age 的值。Python 中没有任何关键字来区分公有属性和私有属性，它是以属性命名的方法对公有属性和私有属性进行区分的，如果属性名的前面加了两个下划线，表明该属性是私有的，否则是公有属性。

7.5 继承

继承

7.5.1 单继承

继承描述的是事物之间的从属关系，例如，汽车和自行车都属于车，程序中

可以体现为汽车和自行车继承于车。同理，公共汽车和轿车都继承于汽车；而山地车和公路车都继承于自行车。它们之间的继承关系即为单继承，如图 7-1 所示。

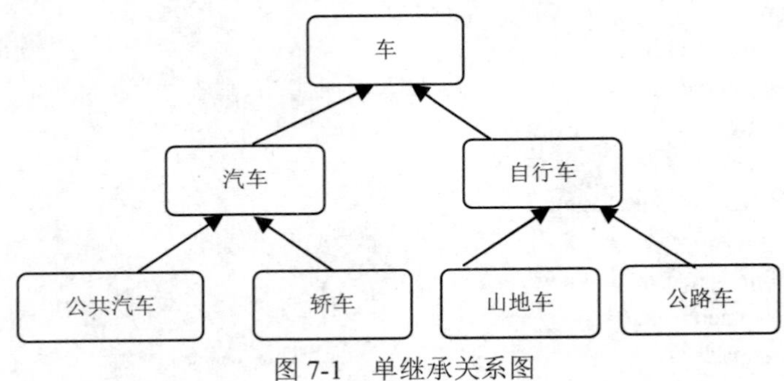

图 7-1　单继承关系图

类的继承是在原有类的基础上构建一个新的类，新类称为子类，原有类称为父类。父类，又称基类、超类，是指被继承的类；子类，又称派生类，是指继承于父类的类。子类拥有父类的公有属性和公有方法。单继承的语法格式如下：

```
class  子类名(父类名):
```

关于子类汽车和父类车的单继承关系可通过例 7-7 进行更深入的理解。

例 7-7　单继承。程序代码如下：

```
class Vehicle:
    def __init__(self,car_name='',speed=0):
        self.car_name=car_name        #车名
        self.speed=speed              #速度
        self.passengers=list()        #乘客
    def load_passengers(self,new_passengers):
        self.passengers.extend(new_passengers)

class Car(Vehicle):       #注意，这里加了一个括号表明父类是 Vehicle
    def __init__(self,car_name='',speed=0,horse_power=100):
        super().__init__(car_name=car_name,speed=speed)   #super 就是父类
        self.horse_power=horse_power                      #子类的特性
        self.load_passengers('driver')


car= Car(car_name='alto')
print(car.car_name)
```

程序的运行结果如下：

```
alto
```

从例 7-7 中可以看出，子类继承了父类的 car_name 属性、speed 属性和 load_passengers()方法。不过，父类的私有属性和私有方法是不会被子类继承的，更不能被子类访问。

7.5.2 多继承

多继承也称多重继承。现实生活中，有时一个子类会有多个父类。例如，沙发床是沙发和床的功能组合，水鸟既有鸟的特点又有鱼的特性，这些都是多重继承的体现。多继承关系如图 7-2 所示。

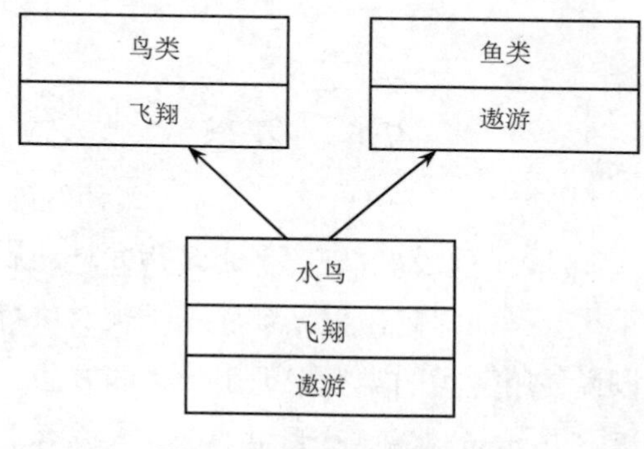

图 7-2 多继承关系图

多继承可以看作是单继承的扩展，通过子类名称中的括号标注出要继承的多个父类，并且多个父类间用逗号进行分隔。多继承的语法格式如下：

```
class 子类(父类 1,父类 2)
```

具体实现见例 7-8。

例 7-8 多继承。程序代码如下：

```
#定义表示鸟的类
class Bird(object):
    #飞
    def fly(self):
        print('Bird is flying!')
#定义表示鱼的类
class Fish(object):
    #游
    def swim(self):
        print('Fish is swimming!')
#定义表示飞鱼的类
```

```
class Volador(Bird,Fish):
    pass

volador=Volador()
volador.fly()
volador.swim()
```

程序运行结果如下：

```
Bird is flying!
Fish is swimming!
```

注意：父类中不能出现同名的属性和方法，建议使用单继承解决问题，尽量避免使用多继承。

7.6 多态

多态

在强类型语言（如 Java 或 C#）中，多态是指允许使用一个父类类型的变量或常量来引用一个子类类型的对象，根据被引用子类对象特征的不同，得到不同的运行结果。也可以说使用父类的类型来调用子类的方法。

对于弱类型的语言 Python 来说，变量并没有声明类型，因此同一个变量完全可以在不同的时间引用不同的对象。当同一个变量在调用同一个方法时，完全可能呈现出多种行为，具体呈现出哪种行为，由该变量所引用的对象来决定，这就是所谓的多态（Polymorphism）。对于多态的理解可参考例 7-9。

例 7-9 多态。程序代码如下：

```
class Vehicle():
    def add_gas(self):    #加油
        print('please add 92#')
#汽车类
class Car(Vehicle):
    pass
#自行车类
class Bike(Vehicle):
    def add_gas(self):  #加油
        print('no gas required')
#加油
def my_add_gas(v: Vehicle):
    v.add_gas()
#实例化子类
```

```
car=Car()
bike=Bike()
my_add_gas(car)
my_add_gas(bike)
```

程序的运行结果如下：

```
please add 92#
no gas required
```

这里，add_gas()会根据变量 v 的不同类型自动调用相应的方法，这就是多态的含义。

7.7 阶段案例——通过多态进行绘图

阶段案例——通过多态进行绘图

7.7.1 案例描述

通过多态实现绘图。通过画布类中的绘制方法绘制矩形、三角形和圆形。

7.7.2 案例分析

多态就是多种表现形态的意思，在类的方法调用中得以体现。通过多态实现绘图意味着绘图方法中的变量并不知道引用的对象是什么，而是根据引用对象的不同绘制不同的图形。

7.7.3 案例实现

1. 实现思路

（1）分别定义矩形、三角形和圆形 3 种类，并定义相应的 draw()方法。

（2）定义画布类 Canvas，并定义 draw_pic()绘图方法，在 draw_pic()绘图方法中调用 draw()方法。

（3）创建画布类的实例，通过实例调用 draw_pic()绘图方法，并通过给 draw_pic()绘图方法传递不同的图形实例，绘制不同的图形。

2. 完整代码

请扫描二维码查看完整代码。

7.8 本章小结

本章讲解了面向对象的概念及面向对象编程的三大特性。封装就是把与一个类相关的属性及行为放到一起，并且隐藏内部细节，只暴露接口；继承反映了客观世界中对象之间的普遍关系，在保留共性的同时赋予每个子类各自的特征；多态在面向对象编程中应用得非常广泛。

7.9 习题

一、选择题

1．下列关于面向对象的说法中错误的是（　　）。

A．面向对象和面向过程一样

B．面向对象强调解决问题的对象

C．面向过程强调解决问题的步骤

D．面向对象编程的三大特性是封装、继承和多态

2．构造方法的作用是（　　）。

A．销毁对象　　B．初始化类

C．初始化对象　　D．以上都不对

3．Python 中定义私有属性的方法是（　　）。

A．使用 public 关键字　　B．使用 private 关键字

C．使用__XX 定义属性名　　D．使用__XX__定义属性名

4．下述 Son 类继承 Father 类和 Mother 类的格式中，正确的是（　　）。

A．class Son Father,Mother:　　B．class Son (Father:Mother):

C．class Son(Father,Mother):　　D．class Son Father and Mother:

5．下列关于类和对象的描述中错误的是（　　）。

A．类是对某一类事物的抽象描述

B．一个类可以对应多个对象

C．对象用于描述现实中的个体，是类的实例

D．类是现实中事物的个体

6．下列选项中，符合类的命名规范的是（　　）。

A．StudentDemo　　B．Student Demo

C．studentDemo　　D．studentdemo

7．当删除一个对象来释放类所占用的资源时，Python 解释器默认调用的方法是（　　）。

A．__init__　　B．__del__　　C．__del　　D．delete

8．下面属于 Python 中定义的私有属性的是（　　）。

A．__name　　B．this.name　　C．private name　　D．name__

9．定义一个 Animal 类可以采用如下形式：class Animal，与该定义等价的定义是（　　）。

A．class Animal(object)　　B．class Animal(Object)

C．class Animal(class)　　D．class Animal:object

10．以下多继承的定义格式中正确的是（　　）。

A．class SmallCat Animal,Cat:　　B．class SmallCat (Animal:Cat):

C．class SmallCat(Animal,Cat):　　D．class SmallCat Animal and Cat:

二、简答题

1．OOP 的三大特性是什么？

2．面向过程编程与面向对象编程的区别和应用场景分别是什么？

3．Python 中定义一个类的格式是怎样的？

4．类（class）由哪 3 个部分构成？

5．类名的命名规则是什么？

6．简述什么是类、什么是对象、类和对象的关系。

7．简述如何将一个属性私有化。

8．简述什么是单继承、什么是多继承。

9．简述什么是重写。

10．给出__str__方法的作用，简述使用时应注意什么问题。

11．给出__init__方法的作用及定义格式。

三、程序分析题

1．下面程序是否可以编译通过？若能通过，请给出运行结果；否则，请说明编译失败的原因，并修改程序使之可以运行及给出运行结果。

```
class People(object):
    __name = "luffy"
    __age = 18
p1 = People()
print(p1.__name,p1.__age)
```

2．下面程序是否可以编译通过？若能通过，请给出运行结果；否则，请说明编译失败的原因，并修改程序使之可以运行及给出运行结果。

```
class Parent(object):
    x = 1

class Child1(Parent):
    pass

class Child2(Parent):
    pass


print(Parent.x,Child1.x,Child2.x)
Child1.x = 2
print(Parent.x,Child1.x,Child2.x)
Parent.x = 3
print(Parent.x,Child1.x,Child2.x)
```

3．请给出下面多重继承的执行顺序，给出输出结果并进行解释。

```
class A(object):
    def __init__(self):
        print('A')
        super(A,self).__init__()

class B(object):
    def __init__(self):
        print('B')
        super(B,self).__init__()

class C(A):
```

```
    def __init__(self):
        print('C')
        super(C,self).__init__()

class D(A):
    def __init__(self):
        print('D')
        super(D,self).__init__()

class E(B,C):
    def __init__(self):
        print('E')
        super(E,self).__init__()

class F(C,B,D):
    def __init__(self):
        print('F')
        super(F,self).__init__()

class G(D,B):
    def __init__(self):
        print('G')
        super(G,self).__init__()

if __name__ == '__main__':
    g = G()
    f = F()
```

四、编程题

1．设计一个“圆”类，对其要求如下：

- 私有属性包括半径、周长、面积。
- 私有方法包括计算面积、计算周长。
- 公有方法包括设置半径、获取面积、获取周长。

其中半径是可以设置的，面积和周长会随着半径的更新而更新。

2．编程实现一个小游戏：人狗大战。游戏中有两个角色：人和狗。游戏开始后，生成 2 个人、3 条狗，互相混战。人被狗咬了会流血，狗被人打了也会流血。狗和人的攻击力及具备的功能都不一样。

3．定义一个水果类，然后通过水果类创建苹果对象、橘子对象、西瓜对象，并分别为其添加颜色属性。

4．定义一个汽车类，并在类中定义一个 move()方法；然后分别创建 BMW_X9 和 AUDI_A9 对象，并分别为其添加颜色、马力、型号等属性；最后分别打印出属性值及调用 move()方法（使用__init__方法完成属性赋值）。

5．请运用多态方式编写一个能发出动物叫声的程序。

第 8 章　模块

在我们编程的过程中，随着代码越写越多，如果将所有代码写在一个文件里，则文件就会越来越大，程序也越来越不容易维护。为了编写可维护的代码，我们可将代码进行适当的组织，然后将其分别放到不同的文件里，这样，每个文件包含的代码就相对较少。很多编程语言都采用这种组织代码的方式。

比如在 C 语言中，如果要使用 sqrt 函数，必须用语句#include <math.h>引入 math.h 这个包含数学运算的头文件，否则程序将无法使用 sqrt 函数。同理，在 Python 中有一个概念叫作模块（Module），它和 C 语言中的头文件相似。例如，关于数学运算的函数都放到了一个 math.py 文件中，如果要调用 sqrt 函数，可以使用 import 关键字引入这个模块。本章将详细介绍 Python 中的模块概念。

8.1　模块的使用

模块的使用

模块是 Python 程序的基本组织单元，它可以将程序代码或数据封装起来以便使用。从实际应用的角度来看，模块往往对应于 Python 程序文件。一个 Python 文件就是一个模块，为了能更好地组织代码，模块之间可以进行导入。如果一个模块导入了其他的模块，那么该模块就可以使用导入模块中定义的变量或函数。

在 Python 中可以使用 import 关键字来导入某个模块。使用 import 导入模块的基本格式如下：

```
import 模块名 1,模块名 2,...
```

当解释器遇到 import 关键字时，会搜索当前路径找到后面的模块，那么该模块就会被自动导入。如果要调用某个模块中的函数，必须这样引用：

```
模块名.函数名
```

这里需要注意的是，在调用模块中的函数时需要加上模块名。这是因为在多个不同的模块中可能存在名称相同的函数，因此如果只是通过函数名来进行调用，解释器便无法知道到底要调用哪个模块中的函数。所以在调用函数的时候必须加上模块名。示例代码例如下：

```
>>>import math
>>>math.sqrt(2)
1.4142135623730951
```

import 关键字导入的是整个模块中所有的函数，有时候我们只需要用到模块中的某一个函数，此时可以使用 from 关键字实现只导入模块的这个函数。使用 from 的基本格式如下：

```
from 模块名 import 函数名 1,函数名 2,...
```

例如，要导入模块 math 的 sqrt 函数，可以使用如下语句：

```
from math import sqrt
```

通过这种方式导入函数的时候，调用函数时只需给出函数名，不用给出模块名，但是当两个模块中含有相同名称的函数的时候，后面一次导入会覆盖前一次导入。也就是说假如模块 A 中有函数 function，在模块 B 中也有函数 function，如果导入模块 A 中的 function 函数在先，导入模块 B 中的 function 函数在后，那么当调用 function 函数的时候，将去执行模块 B 中的 function 函数。

如果想把一个模块的所有内容全都导入到当前的命名空间也是可以的，只需使用如下声明：

```
from 模块名 import *
```

例如，使用下列语句可将 math 模块中的所有内容导入。

```
from math import *
```

需要注意的是，虽然 Python 提供了简单的方法导入一个模块中的所有项目，但是，不该过多地使用这种方法，因为容易造成命名空间冲突。

简而言之，模块通过使用命名空间提供了将部件组织为系统的简单方法。在一个模块文件中定义的所有函数和变量名可以在被导入的模块中使用。通过 Python 的模块可以将独立的文件连接成一个更大的程序系统。

一般来说，Python 中的模块具有以下功能：

（1）代码重用。正如前面介绍的那样，模块其实就是一个文件，可以在文件中永久地保存代码。当退出 Python 时，在 Python 交互提示模式输入的代码就会消失，而在模块文件中的代码是永久存在的，可以根据需要任意次数地重新载入和重新运行模块。除了这一点之外，模块也可以被多个外部的客户端使用。

（2）系统命名空间的划分。模块是 Python 中最高级别的程序组织单元。从根本上讲，模块不过是实现函数功能的软件包。模块将具有一定功能的函数封装到相关的软件包中，这样对避免函数名的冲突很有帮助。如果我们不导入相关的模块，也就不可能使用到这个模块中的函数。事实上，Python 中的一切都被写在了模块文件中，执行的代码以及创建的对象都毫无疑问地被封装在模块之中。正是基于这一点，模块是 Python 构建大中型项目的重要工具。

8.2 自定义模块

模块是一个包含 Python 定义和语句的文件。每个 Python 文件都可以作为一个模块，模块的名字就是文件的名字。在一个模块内部，模块名一般用一个字符串表示，可以通过全局变量__name__的值获得。现在有一个 fibo.py 文件，它的内部定义了两种求斐波那契数列的方法。斐波那契数列指的是这样一个数列：1,1,2,3,5,8,13,21,34,…。在数学上，斐波那契数列以如下递归的方法定义：

$$\begin{cases} F(1)=F(2)=1 \\ F(n)=F(n-1)+F(n-2) \qquad n\geqslant 3 \end{cases}$$

fibo.py 文件的内容如下：

```
#斐波那契（Fibonacci）数列模块

def fib(n):        #定义 1 到 n 的斐波那契数列
    a, b = 0, 1
    while a < n:
        print(a, end=' ')
        a, b = b, a+b
    print()

def fib2(n):       #返回 1 到 n 的斐波那契数列
    result = []
    a, b = 0, 1
    while a < n:
        result.append(a)
        a, b = b, a+b
    return result
```

我们进入 Python 解释器，并用以下命令导入该模块：

```
>>> import fibo
>>>fibo.__name__
'fibo'
```

上述代码中 import 语句后面的 fibo 即上述 fibo.py 文件名字中的 fibo。导入模块后，我们可以通过模块的__name__属性来查看模块名。

可以通过以下方式访问 fibo 模块中的两个函数。

```
>>> import fibo
>>>fibo.fib(100)
1 1 2 3 5 8 13 21 34 55 89
>>>fibo.fib2(100)
[1, 1, 2, 3, 5, 8, 13, 21, 34, 55, 89]
```

在使用 fibo 模块中定义的两个函数时，上述代码并没有直接使用函数的名字进行访问，而是使用 import 语句导入模块，然后使用模块名访问这些函数。

模块中可以包含可执行的语句或定义函数。模块中的语句在第一次使用 import 语句时导入。除了能够使用 import 关键字导入模块之外，还可以使用 from 关键字直接把函数名导入到当前模块中，如：

```
>>> from fibo import fib, fib2
>>>fib(500)
1 1 2 3 5 8 13 21 34 55 89 144 233 377
```

上述语句直接导入 fibo 模块中的两个函数 fib 和 fib2。如果想导入模块中的所有函数，可以使用通配符“*”，如：

```
>>> from fibo import *
>>>fib(500)
1 1 2 3 5 8 13 21 34 55 89 144 233 377
```

在多数情况下，Python 程序员都不会通过使用通配符“*”导入模块，因为那样会在解释器中引入一些未知的名称，而它们很可能会覆盖此前已经定义过的内容，这通常会导致代码的可读性很差。不过，如果你对一个模块比较熟悉则可以采用这种方法进行导入。

另外，如果模块名称之后带有 as 关键字，则跟在 as 之后的名称将直接绑定到所导入的模块。例如：

```
>>>import fibo as fib
>>>fib.fib(500)
1 1 2 3 5 8 13 21 34 55 89 144 233 377
```

与“import fibo”方式一样，使用 as 关键字能够有效地导入模块，唯一的区别是，通过“as lib”方式，模块的名称被命名为 fib，然后便可使用 fib 调用模块中的函数。

在下面这段代码中，如果想在 main.py 文件中使用 test.py 文件中的 add 函数，可以使用“from test import add”语句来导入。下述代码为 main.py 文件中的内容。

```
from test import add
result = test.add(11,22)
print(result)
```

运行上述代码后，在控制台的输出结果如下：

```
33
```

在实际的开发中，当一个开发人员编写完一个模块后，为了让模块能够在项目中达到想要的效果，会自行在 py 文件中添加一些测试信息。例如，下述代码是在 test.py 文件中添加了测试代码。

```
def add(a,b):
    return a + b
if__name__=='__main__'
    result=add(12,22)
    print(result)
```

Python 提供了一个__name__属性，每个模块都有一个__name__属性。运行上述代码后，当_name_属性的值为'__main__'时，表明该模块自身在运行，否则表明该模块被引用。

8.3 安装第三方模块

我们现在已经知道了如何创建和使用模块，实际上并非总是必须编写我们自己的模块。Python 的强大之处正在于它为我们提供了标准模块和第三方模块。

Python 提供了大量标准模块，可以用来完成很多工作，比如计时模块、生成随机数模块、数学模块以及很多其他功能模块。那么 Python 为什么要将这些不同功能的模块分开存放呢？因为每个 Python 程序将所有模块都导入并不合理，为了提高程序运行的效率，我们只需要导入程序中需要用到的模块即可。有些内容（如 print、for 和 if-else）是 Python 的基本关键词，所以这些基本关键词不需要包含在单独的模块中，它们是 Python 解释器的主要组成部分，可以直接使用。

如果 Python 标准模块中没有提供合适的模块支持你完成你的工作，我们可以从外部下载、安装一些模块，并将其导入自己的程序。在 Python 中安装第三方模块是通过包管理工具 pip 完成的。对于 Windows 操作系统，可以在命令提示符窗口下尝试运行 pip，如果 Windows 提示未找到命令，可以将 pip 添加到环境变量中。例如，我们可以安装一个第三方的工具库 Scikit-learn（Sklearn），Scikit-learn 是基于 Python 语言的机器学习中常用的第三方模块。

一般来说，第三方库都会在 Python 官方的 pypi.python.org 网站注册，要安装一个第三方库，必须先知道该库的名称（可以在官网或者 pypi 上进行搜索），安装 Sklearn 的命令如下：

```
pip install sklearn
```

耐心等待下载并进行安装后，就可以使用 Sklearn 了。

8.4 标准模块

8.4.1 time 模块

利用 time 模块能够获取计算机的时钟信息，如日期和时间，还可以利用该模块为程序增加延迟（有时计算机执行速度太快，根据任务要求必须让它慢下来）。

time 模块中的 sleep()函数可以用来增加延迟，也就是说，让程序什么也不做，等待一段时间，就像让程序进入睡眠状态，正是这个原因，这个函数名叫 sleep。该函数可以设置计算机的延尺时间（秒）。下面代码给出了 sleep()函数是如何工作的。

```
import time
print("How")
time.sleep(2)
print("are")
time.sleep(2)
print("you")
time.sleep(2)
print("today?")
```

执行该程序后，程序会每隔 2 秒输出一个单词。

8.4.2 random 模块

random 模块用于生成随机数。该功能在游戏和仿真系统中非常有用。

下面为在交互模式中使用 random 模块的样例。

```
>>> import random
>>> print(random.randint (0,100))
11
>>> print(random.randint(0,100))
63
```

每次使用 random.randint()时，将会得到一个新的随机整数。在上述代码中，由于我们为random.randint()传递的参数是0和100，所以得到的整数会介于0～100之间。

如果想得到一个随机的小数，可以使用 random.random()函数，不用在括号里放任何参数，因为 random.random()会提供一个 0 和 1 之间的数。请参考下述代码。

```
>> print(random.random())
0.270985467261
>>> print(random.random())
0.569236541309
```

如果你想得到其他范围内下述的一个随机数，比如说 0 和 10 之间的随机数，只需要将结果乘以 10 即可。具体参见下述代码。

```
print(random.random())*10
3.61204895736
>> print(random.random())*10
8.10985427783
```

8.5 阶段案例——Sklearn 的使用

阶段案例——Sklearn 的使用

8.5.1 案例描述

Scikit-learn 是机器学习中常用的第三方模块，它对常用的机器学习方法进行了封装，包括回归（Regression）、降维（Dimensionality Reduction）、分类（Classfication）、聚类（Clustering）等方法。Sklearn 是一个简单高效的数据挖掘和数据分析工具，当我们应对机器学习问题时，可以使用 Sklearn 模块。

表 8-1 给出了一些学生课堂表现、课下自学和期末考试通过情况的统计数据，根据这些数据，使用 Sklearn 中 KNeighborsClassifier 提供的分类算法（K近邻算法，KNN）预测课堂表现得分为 7、课下自学得分为 3 的 A 同学能否通过考试。

表 8-1　学生成绩预测训练集

学生	课堂表现	课下自学	通过情况（1/0）
001	8	5	1
002	6	2	0
003	7	4	1
004	3	5	0
005	4	4	0

注：通过情况中的 1 表示通过，0 表示未通过。

8.5.2　案例分析

这里要使用 Sklearn 提供的 KNeighborsClassifier 工具。首先需要掌握该工具的使用方法，可以在互联网上查找相关资料或阅读 Sklearn 的官方文档。KNeighborsClassifier 的链接地址为 https://scikit-learn.org/stable/modules/generated/sklearn.neighbors.KNeighborsClassifier.html#sklearn.neighbors.KNeighborsClassifier。

KNeighborsClassifier 类中需要使用 fit 方法进行训练，该方法需要接收两个参数：输入的特征向量 X 和输出 y。对于本案例的问题，X 可以写成的特征向量的形式为[课堂表现,课下自学]，如 001 同学的特征向量表示为[8,5]。这里要预测 A 同学能否通过期末考试，即预测特征向量为[7,3]的 A 同学对应的输出是 0 还是 1。

8.5.3　案例实现

1. 实现思路

（1）从 Sklearn 工具包中导入 KNeighborsClassifier 工具。

（2）将训练集表示为 KNeighborsClassifier 类中的 fit 方法可以接收的形式。

（3）创建 KNeighborsClassifier 类，设置参数 K。

（4）使用 predict 方法获得特征向量为[7,3]的 A 同学对应的输出。

2. 完整代码

请扫描二维码查看完整代码。

8.6　本章小结

本章主要介绍了 Python 中的模块（Python 库模块、自定义模块）的使用及如何安装第三方模块。在 Python 中，一个模块就对应一个文件，在实际编程中可以将代码进行适当组织后分别放到不同的模块里。通过本章的学习，希望读者能够掌握模块的使用方法，以便在以后的工作中能够灵活地借助第三方模块实现所需要的功能。

8.7　习题

一、选择题

1．下列关键字中，用来引入模块的是（　　）。

A．include　　B．from

C．import　　D．continue

2．下列选项中，用于从 random 模块中导入 randint 函数的语句是（　　）。

A．import randint from random　　B．import random from randint

C．from randint import random　　D．from random import randint

二、简答题

1．简述模块的概念。

2．简述导入模块的方法。

3．简述如何在 Python 中使用第三方模块。

三、编程题

1．设计一个调用系统模块 time 的简单程序。

2．编写一个模块并对其进行调用。

第 9 章　异常处理

9.1　异常的简介

在程序运行时，经常会遇到一些意外情况，这些意外一般分为错误（Bug）和异常（Exception）两种。

错误一般分为两类。第一类是语法错误，编译系统能直接检查出来这类错误，如变量名错误、语句格式错误等。这类错误会导致编译不能通过，所以程序员会第一时间发现并进行处理。第二类是算法设计错误。这类错误会使得程序运行不正确或引起系统异常，但系统无法检查出来这类错误，只能通过调试、测试才能发现导致问题的原因，并由程序员重写程序来解决。

异常是在程序运行中由于一些特殊原因出现的错误，如打开一个不存在的文件、读取一个有字符的数字、程序运行内存不足等。在程序运行过程中，这类错误可能出现也可能不会出现，一旦出现将会导致程序无法继续运行或系统异常。例如，运行下面的程序将会发生异常。

```
print(a)
open("test.txt", "r")
```

程序运行后将产生如下错误：

```
NameError: name 'a' is not defined
FileNotFoundError: [Errno 2] No such file or directory: 'test.txt'
```

本章主要学习异常（Exception）的处理机制。程序在运行过程中，有时会出现一些错误，这些错误会中断当前程序的执行。Python 把这类导致程序中断运行的错误称为异常。Python 定义了一系列的异常类来管理这些异常，并提供了一系列的方法用于发现、捕获、处理这些异常。

9.2　异常类

在 Python 中，所有的异常类都是 Exception 的子类。Exception 类定义在 exceptions 模块中，该模块在 Python 的内建模块中，不需要导入就可以直接使用。标准的异常类见表 9-1。

表 9-1　标准异常类

异常类名称	描述
BaseException	所有异常的基类
SystemExit	解释器请求退出
KeyboardInterrupt	用户中断执行（通常是输入^C）
Exception	常规错误的基类
StopIteration	迭代器没有更多的值
GeneratorExit	生成器（Generator）发生异常，通知退出
StandardError	所有的内建标准异常的基类
ArithmeticError	所有数值计算错误的基类
FloatingPointError	浮点计算错误
OverflowError	数值运算超出最大限制
ZeroDivisionError	除（或取模）零错误（所有数据类型）
AssertionError	断言语句失败
AttributeError	对象没有这个属性
EOFError	没有内建输入，到达 EOF 标记
EnvironmentError	操作系统错误的基类
IOError	输入/输出操作失败
OSError	操作系统错误
WindowsError	系统调用失败
ImportError	导入模块/对象失败
LookupError	无效数据查询的基类
IndexError	序列中没有此索引（Index）
KeyError	映射中没有这个键
MemoryError	内存溢出错误（对于 Python 解释器不是致命的）
NameError	未声明/初始化对象（没有属性）

续表

异常类名称	描述
UnboundLocalError	访问未初始化的本地变量
ReferenceError	弱引用（Weak Reference）试图访问已经被进行了垃圾回收的对象
RuntimeError	一般的运行时错误
NotImplementedError	尚未实现的方法
SyntaxError	Python 语法错误
IndentationError	缩进错误
TabError	Tab 与空格混用错误
SystemError	一般的解释器系统错误
TypeError	对类型无效的操作
ValueError	传入无效的参数
UnicodeError	Unicode 相关的错误
UnicodeDecodeError	Unicode 解码时的错误
UnicodeEncodeError	Unicode 编码时错误
UnicodeTranslateError	Unicode 转换时错误
Warning	警告的基类
DeprecationWarning	关于被弃用的特征的警告
FutureWarning	关于构造将来语义会有改变的警告
OverflowWarning	旧的关于自动提升为长整型（long）的警告
PendingDeprecationWarning	关于特性将会被废弃的警告
RuntimeWarning	可疑的运行时行为（Runtime Behavior）的警告
SyntaxWarning	可疑的语法的警告
UserWarning	用户代码生成的警告

读者并不需要掌握所有的异常类，熟悉和掌握常用的部分异常类即可。下面对常用的异常（类）进行举例说明。

1．NameError

访问未声明的变量会引发 NameError。例如：

```
print(a)
```

错误信息如下，表明变量 a 没有定义：

```
Traceback (most recent call last):
    File "D:/pycharmTest/b.py", line 1, in <module>
```

```
    print(a)
NameError: name 'a' is not defined
```

2．ZeroDivisionError

当除数为零时将引发该异常。例如：

```
a = 1/0
```

错误信息如下：

```
Traceback (most recent call last):
  File "D:/pycharmTest/b.py", line 1, in <module>
    a=1/0
ZeroDivisionError: division by zero
```

3．SyntaxError

当程序有语法错误时会引发 SyntaxError 异常。例如：

```
a = 1
if(a)
    print("true")
```

错误信息如下：

```
File "D:/pycharmTest/b.py", line 2
if(a)
SyntaxError: invalid syntax
```

4．IndexError

当使用序列中不存在的索引时会引发 IndexError 异常。例如：

```
list1 = [1,2]
list1[2]
```

错误信息如下：

```
Traceback (most recent call last):
  File "D:/pycharmTest/b.py", line 2, in <module>
list1[2]
IndexError: list index out of range
```

5．KeyError

使用字典中不存在的键访问值时会引发 KeyError 异常。例如：

```
dic = {'no':'001','name':'xiaohang','age':18}
dic['tel']
```

错误信息如下：

```
Traceback (most recent call last):
    File "D:/pycharmTest/b.py", line 2, in <module>
```

```
    dic['tel']
KeyError: 'tel'
```

6．FileNotFoundError

当访问的文件不存在时将发生 FileNotFoundError 异常。例如：

```
file = open("test.txt")
```

错误信息如下：

```
Traceback (most recent call last):
    File "D:/pycharmTest/b.py", line 1, in <module>
file = open("test.txt")
FileNotFoundError: [Errno 2] No such file or directory: 'test.txt'
```

7．AttributeError

当访问对象没有的属性时会引发 AttributeError 异常。例如：

```
class Person(object):
    pass
person = Person()
person.age = "18"
print(person.age)
print(person.name)
```

错误信息如下：

```
Traceback (most recent call last):
  File "D:/pycharmTest/b.py", line 6, in <module>
print(person.name)
AttributeError: 'Person' object has no attribute 'name'
```

9.3 异常处理

异常处理

Python 提供了强大的异常处理机制，能够快速准确地定位错误发生的位置并找到原因。Python 中捕捉异常使用 try-except 语句。try-except 语句用来检测 try 语句块中的错误，except 语句负责捕获异常信息并处理。如果不想在异常发生时结束程序，只需在 try 里捕获异常即可。

9.3.1 简单异常的捕获和处理

简单异常的捕获和处理的语法格式如下：

```
try:
    <语句块>
```

```
except:
    <捕获异常消息，异常处理代码>
```

当 try 中的语句块发生错误时，程序不再继续执行 try 中的语句，而是跳转到 except 中处理异常。例如：

```
try:
    print(a)
    open("123.txt")
except (NameError,FileNotFoundError) as ex:
    print("error!!"+str(ex))
```

在上述代码中，print(a)语句出现了错误，其下面的 open("123.txt")语句并没有被执行，而是直接执行了语句 print("error!!"+str(ex))，输出了错误信息。程序的运行结果如下：

```
error!!name 'a' is not defined
```

9.3.2 捕获多种异常

在 9.3.1 节的例子中，如果 try 语句块中出现多种异常，则在 except 子句中通过逗号将相对应的异常隔开。除此之外，也可以添加多个 except 子句，语法格式如下：

```
try:
    <语句块>
except 异常名称 1:
    <异常处理代码>
except 异常名称 2:
    <异常处理代码>
```

示例代码如下：

```
try:
    print(a)
    open("123.txt")
exceptNameError as ex:
    print("error!!"+str(ex))
exceptFileNotFoundError as ex:
    print("error!!"+str(ex))
```

当要捕获所有异常或者异常种类不确定时，可以使用下述两种语法格式。

语法格式一：

```
try:
    <语句块>
```

```
except:
    <异常处理代码>
```

语法格式二：

```
try:
    <语句块>
except Exception as ex:
    <异常处理代码>
```

上述的语法格式二可以通过 ex 接收异常的信息描述。

9.3.3 finally 子句

finally 语句块是无论是否发生异常都将最后执行的代码。语法格式如下：

```
try:
    <语句块>
finally:
    <语句块>      #退出 try 时总会执行
```

9.3.4 else 子句

当程序没有异常时将执行 else 子句的代码。语法格式如下：

```
try:
    <语句块>
except:
    <语句块>
…
except:
    <语句块>
else:          #未发生异常，执行 else 语句块
    <语句块>
finally:
    <语句块>
```

9.4 异常的抛出

触发异常主要有两种情况：一种是程序执行中因为错误自动引发异常；另一种是显式地使用异常触发语句 raise 或 assert 进行手动触发。Python 捕获两种异常的方式是一样的。使用 raise 语句手动触发异常的格式如下：

```
raise 异常类            #引发异常时会隐式地创建类对象
```

```
raise 异常类实例        #引发异常类对象对应的异常
raise                   #重新引发刚刚发生的异常
```

在上述格式中，第1种方式和第2种方式是对等的，都会引发指定异常类对象。但是，第1种方式隐式地创建了异常类的实例，而第2种形式是最常见的，会直接提供一个异常类的实例。第3种方式用于重新引发刚刚发生的异常。

1．使用类名引发异常

当raise语句指定异常的类名时，将会创建该类的实例，然后引发异常。例如：

```
raise IndexError
```

程序运行的结果如下：

```
Traceback (most recent call last):
  File "F:/test/RaiseTest.py", line 1, in <module>
    raise IndexError
IndexError
```

2．使用异常类的实例引发异常

通过显式地创建异常类的实例，可直接使用该实例来引发异常。例如：

```
index_error =IndexError()
raise index_error
```

程序运行的结果如下：

```
Traceback (most recent call last):
  File "F:/test/RaiseTest.py", line 3, in <module>
    raise index_error
IndexError
```

3．传递异常

不带任何参数的raise语句可以再次引发刚刚发生过的异常，其作用就是向外传递异常。例如：

```
try:
    raise IndexError
except:
    print('出错了')
raise
```

在上述代码中，try语句块里面使用raise语句抛出了IndexError异常，程序会跳转到except子句中执行，输出打印语句，然后使用raise语句再次引发刚刚发生的异常，导致程序出现错误而终止运行。程序运行结果如下：

```
出错了
Traceback (most recent call last):
```

```
  File "F:/test/RaiseTest.py", line 5, in <module>
    raise IndexError
IndexError
```

4. 指定异常的描述信息

当使用 raise 语句抛出异常时，还能给异常类指定描述信息。例如：

```
raise IndexError("索引下标超出范围")
```

该语句在抛出异常类时传入了自定义的描述信息。程序运行结果如下：

```
Traceback (most recent call last):
  File "F:/test/RaiseTest.py", line 10, in <module>
    raise IndexError("索引下标超出范围")
IndexError: 索引下标超出范围
```

5. 异常引发异常

如果要在一个异常中抛出另外一个异常，可以通过 raise-from 语句实现。例如：

```
try:
    number
except Exception as exception:
    raise IndexError("下标超出范围") from Exception
```

上述代码中，try 语句块里面只定义了变量 number，并没有为其赋值，所以会引发 IndexError 异常，使得程序跳转到 except 子句执行。except 子句能捕捉所有的异常，并且使用 raise-from 语句抛出 IndexError 异常后再抛出“下标超出范围”的异常。程序运行结果如下：

```
Traceback (most recent call last):
  File "F:/test/RaiseTest.py", line 14, in <module>
    raise IndexError("下标超出范围") from Exception
IndexError:下标超出范围
```

9.5 阶段案例——自定义登录异常

阶段案例——
自定义登录异常

9.5.1 案例描述

自定义登录信息异常用于检查用户输入的用户名和密码错误。要求输入的用户名长度为 3～8 位英文字母或数字，密码是长度为 6 位的数字。

9.5.2 案例分析

用户输入的用户名和密码都为字符串。首先，在判断输入的用户名长度时，可以使用 len()方法获取用户名长度；其次，判断用户名是否由数字和字母组成时，可使用 isalnum()方法；再次，判断密码是否由数字组成时，可以使用 isdigit()方法。

9.5.3 案例实现

1. 实现思路

（1）自定义两个异常类 nameqes 和 pwdques，两个类都继承自 Exception 类。

（2）设计实现检查用户名和密码的方法 checklogin，该方法设置两个参数，分别为用户名和密码。

（3）在 checklogin 方法中进行如下 4 项检查：

1）检查输入的用户名的长度是否在 3 和 8 之间，如果不是，则抛出异常提示信息“用户名长度为 3 到 8”。

2）判断用户名是否是由数字和字母组成的，如果不是，则抛出异常提示信息“用户名由数字和字母组成”。

3）判断密码是否由 6 位数组成，如果不是，则抛出异常提示信息“密码由 6 位数组成”。

4）判断密码是否是由数字组成的，如果不是，则抛出异常提示信息“密码由数字组成”。

如果上述 4 项检查都通过，则输出提示信息“用户名密码正确，请进入”。

（4）通过 Input 函数提示用户“请输入用户名：”和“请输入密码：”，并通过变量接收用户输入的用户名和密码。

（5）通过 try:-except:-except:-else:语句捕获 checklogin 方法的异常。

2. 完整代码

请扫描二维码查看完整代码。

9.6 本章小结

本章主要介绍 Python 的异常类型，总结了常用的异常类型，讲解了异常处理方式和异常的基本语法结构。通过本章的学习，读者应了解异常产生的基本原理，熟悉常用的异常，掌握自定义异常的过程和在程序中异常的调用。

9.7　习题

一、选择题

1．下列程序运行以后会产生（　　）异常。

```
print(a)
```

A．NameError　　B．IndexError

C．KeyError　　D．FileNotFoundError

2．当 try 语句中没有错误信息时，一定不会执行（　　）语句。

A．try　　B．finally

C．else　　D．except

3．Python 中用来抛出异常的关键字是（　　）。

A．try　　B．except

C．raise　　D．finally

4．所有异常类的父类是（　　）。

A．Throwable　　B．Error

C．Exception　　D．BaseException

5．对于 except 子句的排列，下列方法中正确的是（　　）。

A．父类在先，子类在后

B．子类在先，父类在后

C．没有顺序，谁在前谁先捕获

D．先有子类，其他如何排列都无关

6．在异常处理中，如释放资源、关闭文件、关闭数据库等由（　　）来完成。

A．try 子句　　B．catch 子句

C．finally 子句　　D．raise 子句

7．当方法遇到异常且无法处理时，下列说法中正确的是（　　）。

A．捕获异常　　B．抛出异常

C．声明异常　　　　　　D．嵌套异常

二、填空题

1．给出一条完整的异常语句：________。

2．Python 中的所有异常类都是________的子类。

三、程序分析题

1．运行程序，给出程序出现的异常。

```
list_1=[1,2,3,4]
print('list_1[20]')
```

2．运行程序，给出程序的运行结果。

```
try:
    a = 2
    b = 0
    print(a/b)
except ZeroDivisionError as e:
    print(e.message)      #捕获异常信息
    print('出错啦!!! ')
    print(1111)
```

四、简答题

1．请简述什么是异常。

2．请给出异常处理的几种方式。

3．请给出 try 语句的执行方式。

4．请给出异常处理的完整语法。

5．简述 raise 语句的作用和目的。

五、编程题

1．编写一个计算减法的方法，当第一个数小于第二个数时，抛出“被减数不能小于减数”的异常。

2．从开发的代码库中得到如下一组数据，表示每个文件的代码变更情况：

```
{'login.py': 'a 8 d 2 u 3', 'order.py': 'a 15 d 0 u 34', 'info.py': 'a 1 d 20 u 5'}
```

对于'login.py': 'a 8 d 2 u 3'项，a 表示新增行数；d 表示删除行数；u 表示修改行数；login.py 的变更行数为 13。

要求：统计出每个文件的变更行数。

3．编写代码，通过调用 CCircle 方法计算圆的面积，并且要定义一个异常类，如果半径为负值则抛出自己定义的异常。

第 10 章　Python 的文件操作

前面章节讲述的程序都是从键盘读取数据，在屏幕上显示数据。程序所使用的数据很大一部分是存储在计算机内存中的，内存中的数据在程序结束或关机后就会消失。如果希望当计算机重新运行程序时，以前的数据还可以多次利用，就需要把数据存储在数据不易丢失的存储介质中，比如硬盘、光盘、U 盘。实际操作中，Word、Excel 等都可以称为文件，可以对这些文件进行读写等操作，还可以设置文件的可见、可读等属性。本章将学习使用 Python 在磁盘上创建、读写和关闭文件。

10.1　文件概述

10.1.1　I/O 操作概述

I/O 在计算机中是指 Input/Output，也就是 Stream（流）的输入和输出。这里的输入和输出是相对于内存来说的，Input Stream（输入流）是指数据从外（磁盘、网络）流进内存，Output Stream（输出流）是数据从内存流出到外部（磁盘、网络）。程序运行时，数据都是在内存中驻留，由 CPU 这个超快的计算核心来管理，涉及数据交换的地方（通常是磁盘、网络）就需要 I/O 接口。

10.1.2　文件

文件是存储在外介质上的可以永久保存的数据的集合。Windows 系统的数据文件按照编码方式分为两大类：文本文件和二进制文件。要访问文件中的数据，首先必须通过文件名查找相应的文件。用户可以通过文件的唯一标识查找文件。文件标识包括文件路径、文件名和文件扩展名三部分，如图 10-1 所示。

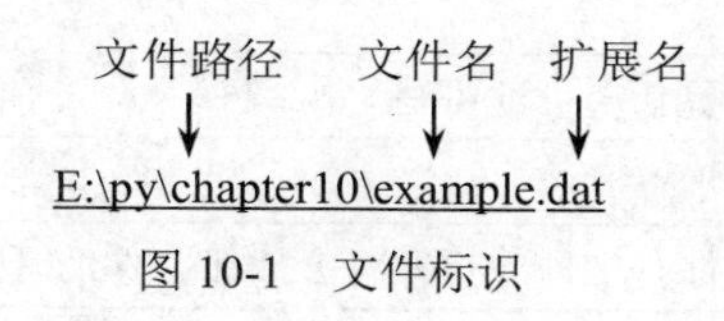

图 10-1　文件标识

图 10-1 中，文件路径为 E:\py\chapter10，文件名为 example，扩展名为.dat。

10.2 文件的打开和关闭

文件的打开和关闭

10.2.1 文件的打开

在 Python 中访问文件，首先需要建立 Python Shell 与磁盘文件之间的连接。当使用 open()函数打开或建立文件时，会建立文件与程序之间的连接，并返回文件对象。通过文件对象可以执行文件上的所有后续操作。

open()函数打开文件的语法格式如下：

```
fileobj=Open(filename[,mode[,buffering]])
```

其中，fileobj 是 open()函数返回的文件对象；参数 filename（文件名）是必需的参数，它既可以是绝对路径，也可以是相对路径；mode 是访问模式，访问模式是可选的。例如，打开一个名称为 file1.txt 的文件的示例代码如下：

```
fobj = open('file1.txt')
```

这里'file1.txt'是相对路径，这条命令将以可读的方式打开当前路径下的 file1.txt 文件。“读模式”是 Python 打开文件的默认模式，以“读模式”打开文件时，文件必须存在，否则会出现 FileNotFoundError 异常信息。当文件以“读模式”打开时，只能从文件中读取数据而不能向文件写入数据或修改数据。

mode 是文件的访问模式，如果需要向打开的文件写入数据，必须指明文件的访问模式。Python 中的访问模式有很多，具体如表 10-1 所列。默认的方式是以文本样式打开文件。

表 10-1 文件访问模式

模式	描述
t	文本模式（默认）
x	写模式，新建一个文件，如果该文件已存在则会报错
b	二进制模式
+	打开一个文件进行更新（可读可写）
U	通用换行模式（不推荐）
r	以只读方式打开文件。文件的指针将会放在文件的开头。这是默认模式

续表

模式	描述
rb	以二进制格式打开一个文件，用于只读。文件指针将会放在文件的开头。这是默认模式，一般用于非文本文件，如图片等
r+	打开一个文件用于读写。文件指针将会放在文件的开头
rb+	以二进制格式打开一个文件用于读写。文件指针将会放在文件的开头。一般用于非文本文件，如图片等
w	打开一个文件只用于写入。如果该文件已存在则打开文件，并从开头开始编辑，即原有内容会被删除。如果该文件不存在，创建新文件
wb	以二进制格式打开一个文件只用于写入。如果该文件已存在则打开文件，并从开头开始编辑，即原有内容会被删除。如果该文件不存在，创建新文件。一般用于非文本文件，如图片等
w+	打开一个文件用于读写。如果该文件已存在则打开文件，并从开头开始编辑，即原有内容会被删除。如果该文件不存在，创建新文件
wb+	以二进制格式打开一个文件用于读写。如果该文件已存在则打开文件，并从开头开始编辑，即原有内容会被删除。如果该文件不存在，创建新文件。一般用于非文本文件，如图片等
a	打开一个文件用于追加。如果该文件已存在，文件指针将会放在文件的结尾。也就是说，新的内容将会被写入到已有内容之后。如果该文件不存在，创建新文件进行写入
ab	以二进制格式打开一个文件用于追加。如果该文件已存在，文件指针将会放在文件的结尾。也就是说，新的内容将会被写入到已有内容之后。如果该文件不存在，创建新文件进行写入
a+	打开一个文件用于读写。如果该文件已存在，文件指针将会放在文件的结尾。文件打开时会是追加模式。如果该文件不存在，创建新文件用于读写
ab+	以二进制格式打开一个文件用于追加。如果该文件已存在，文件指针将会放在文件的结尾。如果该文件不存在，创建新文件用于读写

10.2.2 文件的关闭

文件使用后，切记调用 close()方法将其关闭。关闭文件是取消程序和文件间的连接，内存缓冲区的所有内容将被写入磁盘。关闭文件可以确保信息不会丢失。close()方法的使用非常简单，具体示例如下：

```
fileobj=open("test.txt")
fileobj.close()
```

10.3　文件的读写操作

在程序开发中，经常要对文件进行读写操作。文件被打开后，才能读写文件数据。读取文件数据可通过调用文件 file 对象的多个方法实现。

10.3.1　读取文件

从文件中读数据主要有 3 个方法：read()方法、readline()方法、readlines()方法。

1．read()方法

read()方法的参数可有可无。不设置任何参数的 read()方法，将整个文件的内容读取为一个字符串。当 read()方法一次读取文件的全部内容时，需要占用同样大小的内存，具体见例 10-1。

例 10-1　调用 read()方法读取 test.txt 文件中的内容。程序代码如下：

```
fileobj= open('test.txt')
fileContent= fileobj.read()
fileobj.close()
print(fileContent)
```

程序运行的输出结果如下：

```
Hello world!
```

也可以设置参数，如限制 read()方法一次返回数据的大小，具体见例 10-2。

例 10-2　设置参数，每次读取文件 test.txt 中的 5 个字符，直到读完所有字符。程序代码如下：

```
fileobj= open('test.txt')
fileContent=""
while True:
    fragment= fileobj.read(5)
    if fragment == "":   #或者 if not fragment
        break
    fileContent += fragment
fileobj.close()
print(fileContent)
```

程序运行的输出结果如下：

```
Hello world!
```

在例 10-2 中，当读到文件结尾时，read()方法会返回空字符串，此时 fragment==""成立，程序退出循环。

2．readline()方法

使用 readline()方法可以一行一行地读取文件中的数据，具体见例 10-3。

例 10-3　调用 readline()方法读取 test.txt 文件中的数据。程序代码如下：

```
fileobj = open("test.txt")
fileContent=""
while True:
    fragment= fileobj.readline()
    if line == "":   #或者 if not line
        break
    fileContent += line
fileobj.close()
print(fileContent)
```

程序的输出结果如下：

```
Hello world!
```

在例 10-3 中，当读取到文件结尾时，readline()方法返回空字符串，程序运行 break 后跳出循环。

3．readlines()方法

如果文件的内容不多，可以使用 readlines()方法一次性读取整个文件中的内容。readlines()方法会返回一个列表，列表中的每个元素为文件中的一行数据。若 test.txt 文件中有 3 行“hello world!”，程序示例见例 10-4。

例 10-4　使用 readlines()方法读取 test.txt 文件内容。程序代码如下：

```
fileobj= open('test.txt')
fileContent= fileobj.readlines()
for line in fileContent:
    print(line)
fileobj.close()
```

程序运行的结果如下：

```
hello world!
hello world!
hello world!
```

readlines()方法也可以通过设置参数指定一次读取的字符数。

10.3.2 写文件

写文件时，也需要创建与文件对象的连接。读文件时不允许写文件，写文件时不允许读文件。当文件以“写”或“追加”的模式打开时，如果文件不存在，则创建文件；而以“读”模式打开文件时，文件不存在，则将出现错误。

例 10-5 以可写的方式打开文件 test.txt，同时读文件。程序代码如下：

```
fileobj = open("test.txt","w")     #"w"为写模式，打开已有文件时会覆盖原有文件内容
fileContent = fileobj.read()
Traceback (most recent call last):
    File "E:/py/fileTest.py", line 2, in <module>
fileContent = fileobj.read()
io.UnsupportedOperation: not readable
```

例 10-6 以写模式打开 test.txt 文件，然后将其关闭，再重新打开文件读数据。程序代码如下：

```
fileobj = open("test.txt","w")     #"w"为写模式，打开已有文件时会覆盖原有文件内容
fileobj.close()
fileobj = open("test.txt")
fileContent = fileobj.read()
print(len(fileContent))
fileobj.close()
```

程序的运行结果如下：

```
0
```

从上述结果可以看出，文件的原有内容被清空，所以再次读取文件内容时文件长度为 0。

1. write()*方法*

例 10-6 调用 write()方法写文件。程序代码如下：

```
fileobj = open("test.txt","w")
fileobj.write("First line.\n Second line.\n")
fileobj.close()
fileobj = open("test.txt","a")
fileobj.write("Third line.")
fileobj.close()
fileobj = open("test.txt")
fileContent = fileobj.read()
fileobj.close()
print(fileContent)
```

程序的运行结果如下：

```
First line.
Second line.
Third line.
```

以写模式打开 test.txt 文件时，原有内容被覆盖。write()方法将字符串写入文件，“\n”代表换行符。

实际应用中，文件读写可以实现很多功能，如文件的备份就是文件读写的过程。例 10-7 为通过 write()方法实现文件的备份。

例 10-7 文件备份。复制文件 oldfile 中的数据到 newfile 中。程序代码如下：

```
defcopy_file(oldfile,newfile):
    oldfile = open(oldfile,"r")
    newfile = open(newfile,"w")
        while True:
            fileContent = oldfile.read(50)
            if fileContent == "":
                break
    newfile.write(fileContent)
    oldfile.close()
    newfile.close()
    return
copy_file("test.txt","test1.txt")
```

在上述代码中，当读到文件末尾时，fileContent == ""成立，此时程序执行 break 语句，退出循环。

2. writelines()方法

可以使用 writelines()方法向文件写入一个序列字符串列表，具体见例 10-8。

例 10-8 通过 writelines()方法实现向文件中写入列表。程序代码如下：

```
fileobj = open("testlist.txt","w")
list01=["aa","bb","cc","dd","ee"]
fileobj.writelines(list01)
fileobj.close()
```

例 10-8 程序的运行结果是生成一个 testlist.txt 文件，其内容是 aabbccddee，可见没有换行。另外应该注意，用 writelines()方法写入的序列必须是字符串序列，如果写入整数序列会产生错误。

10.4　文件的随机读写

默认情况下，文件的读写是从文件的开始位置进行；在追加模式下，是从文件的末尾开始进行读写。Python 提供了控制文件读写起始位置的方法，使得用户可以改变文件的读写操作位置。

1．通过 tell()方法获取文件当前的读写位置

例 10-9　使用 tell()方法获取 test.txt 文件当前的读写位置。程序代码如下：

```
fileobj=open("test.txt","w")
fileobj.write("abcdefghigk")
fileobj.close()
fileobj=open("test.txt")
print(fileobj.read(2))
print(fileobj.read(2))
print(fileobj.tell())
fileobj.close()
```

程序的运行结果如下：

```
ab
cd
4
```

在例 10-9 的代码里，fileobj.tell()方法返回的是整数 4，表示文件当前位置和开始位置之间有 4 个字节的偏移量。

2．通过 seek()方法定位到文件的指定位置

语法格式如下：

```
seek(offset[,whence])
```

在上述语法格式中，offset 表示偏移量，是一个字节数；whence 表示方向，可以取以下 3 个值：

（1）文件开始处为 0，也是默认取值。此时以文件开头为基准位置，字节偏移量必须是非负数。

（2）文件当前位置为 1，以当前位置为基准位置时，偏移量可以取负值。

（3）文件结尾处为 2，则该文件的末尾将被作为基准位置。

10.5 常用的 OS 文件方法和目录方法

OS 模块提供了非常丰富的方法用来处理文件和目录。常用的方法见表 10-2 所示。

表 10-2 常用的 OS 文件方法和目录方法

序号	方法	描述
1	os.remove(path)	删除路径为 path 的文件。如果 path 是一个文件夹，将抛出 OSError
2	os.removedirs(path)	递归删除目录
3	os.rename(src, dst)	重命名文件或目录（从旧名 src 到新名 dst）
4	os.renames(old, new)	递归地对目录进行更名，也可以对文件进行更名
5	os.rmdir(path)	删除 path 指定的空目录，如果目录非空，则抛出一个 OSError 异常

10.6 阶段案例——登录验证

阶段案例——登录验证

10.6.1 案例描述

将用户名密码存储在文件中，当用户登录时，将输入的用户名和密码与文件中的用户名和密码进行对比，若存在，则认证成功，若不存在，提示“用户名密码错误”信息。

10.6.2 案例分析

创建一个 user.txt 文件，将若干对用户名和密码存储在文件中，然后编写程序，提示用户输入用户名和密码。将用户输入的用户名和密码与文件中的内容进行比对，如果输入正确，则输出认证成功信息，并通过 break 语句结束本层循环；如果用户名和密码错误，在屏幕上给出错误提示信息。

10.6.3　案例实现

1. 实现思路

（1）在与 login.py 相同的目录下创建 user.txt 文件，输入多行不同的用户名和密码，例如 abc:123。

（2）在程序中通过 input 函数给出“请输入用户名：”和“请输入密码：”提示信息，并将接收的用户名和密码存入相应的变量中。

（3）打开文件，读取文件中的内容并将其存入变量 info 中。

（4）按行遍历 info，并通过 split()方法分隔用户名和密码。

（5）分别判断用户名及密码是否相同，若相同，通过 break 结束循环；若不同，则继续进行比较，直到循环结束。

2. 完整代码

请扫描二维码查看完整代码。

10.7　阶段案例——编程实现商品管理系统

10.7.1　案例描述

阶段案例——编程实现商品管理系统

（1）用文本编辑器编写一个商品信息的文本文件，每行的格式为：商品名、价格。

（2）编写 Python 代码，提示用户输入文件名。输入文件名后提示用户选择以下功能：查找、增加、删除、修改、保存。

（3）查找功能：输入商品名，提示“不存在”（商品不存在）或者“行号”（商品存在）。

（4）增加功能：输入商品名、价格，如果商品名重复，则提示。

（5）删除功能：输入商品名，删除相应商品，如果商品不存在，则提示。

（6）修改功能：输入商品名，修改其价格；如果商品不存在，则提示；验证新旧价格是否相等。

（7）保存功能：保存修改内容。

（8）提供退出程序选项。

10.7.2　案例分析

创建一个 products.txt 文件，将若干对商品名和价格存储在文件中；然后按照功能将模块划分为文件打开、增加、删除、修改、查找和退出程序 6 个模块，增加、删除、修改、查找功能可以任意重复执行。

10.7.3　案例实现

1．实现思路

（1）在本案例程序文件 ProductManager.py 的相同目录下创建 products.txt 文件。以可写的方式打开该 txt 文件，如果文件打开成功，给出打开成功提示。

（2）在 ProductManager.py 文件中通过 input()方法给出如下的界面提示并进行相应的输入操作：

欢迎使用商品管理系统
1.查询　2.增加　3.删除　4.修改　5.退出
请输入要选择的功能：1
请输入要查找的商品名称：苹果

（3）存储商品价格的功能分为商品名和价格两部分处理，具体操作界面如下：

欢迎使用商品管理系统
1.查询　2.增加　3.删除　4.修改　5.退出
请输入要选择的功能：2
请输入商品名：葡萄
该商品已存在
欢迎使用商品管理系统
1.查询　2.增加　3.删除　4.修改　5.退出
请输入要选择的功能：2
请输入商品名称：橘子
请输入价格：6
存储成功

（4）查询商品价格功能。

欢迎使用商品管理系统

1.查询　2.增加　3.删除　4.修改　5.退出

请输入要选择的功能：1

请输入要查找的商品名称：苹果

苹果：苹果---在第 1 行

（5）删除商品功能。

欢迎使用商品管理系统

1.查询　2.增加　3.删除　4.修改　5.退出

请输入要选择的功能：3

请输入要删除的商品名称：苹果

已删除

2. 完整代码

请扫描二维码查看完整代码。

10.8　本章小结

本章介绍了文件 I/O 操作的基本过程；讲解了文件的打开和关闭、文件的读写操作、常用的 OS 文件和目录操作方法；通过阶段案例强化理解文件操作的基本原理。通过本章的学习，希望读者能够熟练应用文件操作解决实际问题。

10.9　习题

一、选择题

1. 打开已存在的文件 test.txt，向文件中追加信息，则其打开模式应为（　　）。

A. 'r'　　B. 'w'

C. 'a'　　D. 'rb'

2. 文件 test.txt 是文本文件，打开后的对象为 file，下列选项中，用于读取文件中一行内容的方法是（　　）。

A. file.read(1024)　　B. file.readline()

C. file.readlines()　　D. file.read()

3．用于向文件中写内容的是（　　）。

A．open　　B．write　　C．close　　D．read

4．以下程序的输出结果是（　　）。

```
fo = open("text.txt","w+")
x,y='this is a test','hello'
fo.write('{}+{}\n'.format(x,y))
print(fo.read())
fo.close()
```

A．this is a test hello　　B．this is a test

C．this is a test,hello　　D．this is a test+hello

5．文件 dat.txt 里的内容如下：

```
QQ&Wechat
Google&Baidu
```

以下程序的输出结果是（　　）。

```
fo=open("dat.txt",'r')
fo.seek(2)
print(fo.read(8))
fo.close()
```

A．Wechat　　B．&Wechat G　　C．Wechat Go　　D．&Wechat

6．下列选项中，用于获取文件当前读写位置的方法是（　　）。

A．open()　　B．write()　　C．tell()　　D．seek()

二、简答题

1．写出文件读取的几种方法，并简述其区别。

2．简述文件的打开模式和特点。

三、编程题

1．读取文件 dat.txt 中的数据，显示除了星号（*）开头以外的所有行。

2．编写程序，向 source.txt 文件中写入“你好 Python！”，并将文件 source.txt 的内容复制到 des.txt 文件中。

3．编写程序，实现将 source.jpg 文件复制为 des.jpg 文件。

附录　习题参考答案

第 1 章　Python 语言简介

一、选择题

1．A　2．D

二、简答题

1．

C 语言是面向过程的结构化的编程语言，Python 是面向对象的编程语言。C 是强类型语言，Python 是弱类型语言。

python 容易学习、语法简单、库丰富，但 Python 脚本的运行效率低，不适合对运行效率要求较高的程序。

Python 用途广泛：爬虫、Web 开发、视频游戏开发、桌面 GUIs（图形用户界面）、软件开发、架构等。

C 语言的语法容易理解，高度可移植，运行效率高。C 不提供命名空间功能，不能在一个范围内再次使用相同的变量名。

2．

略，以上机操作为准。

3．

```
30
7.5
3
4
Hi,Python!
Hi,Python!
```

4．

```
r=input("请输入一个圆的半径：")
area = 3.14 * r *r
print(area)
```

第 2 章　Python 基本数据类型

一、选择题

1. C　2. B　3. D　4. C　5. A　6. C　7. B

二、简答题

1. Python 中标识符的命名规则：标识符由字母、下划线和数字组成，且不能以数字开头；Python 中的标识符是区分大小写的；Python 中不能使用关键字作为标识符。

2. 成员运算符主要包括 in 和 not in 两种：

1）in 用于检测数据是否在指定序列中，如 x in y，表示如果在指定的序列 y 中可以找到 x 的值则返回 True，否则返回 False。

2）not in 用于检测数据是否不在指定序列中，如 x not in y，表示如果在指定的序列 y 中找不到 x 的值则返回 True，否则返回 False。

三、编程题

1. 代码如下：

```
r=3.5
print("周长：",2*3.14*r)
print("面积：",3.14*r*r)
```

2. 代码如下：

```
import math
a=float(input("请输入斜边 1 的长度"))        #输入实数
b=float(input("请输入斜边 2 的长度"))        #输入实数
c=a*a+b*b                #计算，得到的是斜边的平方
c=math.sqrt(c)           #开平方计算，得到的是斜边长
print("斜边长为：",c)         #显示，一项是字符串，一项是表示斜边长的 c
```

3. 代码如下：

```
# 用户输入
x=input('输入 x 值：')
y=input('输入 y 值：')
#创建临时变量 temp，并进行交换
temp=x
x=y
y=temp
print('交换后 x 的值为：%s' % x)
```

```
print('交换后 y 的值为：%s' % y)
```

第 3 章　字符串

一、选择题

1．D　2．C　3．B　4．C　5．C　6．A　7．A　8．A

二、程序分析题

1．

```
a + b 输出结果：HelloPython
a * 2 输出结果：HelloHello
a[1] 输出结果：e
a[1:4] 输出结果：ell
H 在变量 a 中
M 不在变量 a 中
\n
\n
```

2．由于无法在字符串中找到子串，index 方法会抛出 ValueError 异常。

3．出现如下异常提示：'s 应该使用转义字符\'s，除此之外，age 格式化输出应该使用%d。

```
File "E:/PythonTest/test.py", line 3
print('%s's age is %s'%(name,age))
SyntaxError: invalid syntax
```

三、编程题

1．代码如下：

```
myStr = input("请输入任意字符串：")
num = 0
for s in myStr:
    if s=='a':
        num += 1
print(num)
```

2．代码如下：

```
year = int(input("输入一个年份："))
if (year % 4) == 0:
    if (year % 100) == 0:
        if (year % 400) == 0:
            print("{0}是闰年".format(year))          #整百年能被 400 整除的是闰年
```

```
            else:
                print("{0}不是闰年".format(year))
        else:
            print("{0}是闰年".format(year))        #非整百年能被 4 整除的为闰年
    else:
        print("{0}不是闰年".format(year))
```

3．代码如下：

```
age = 18
height = 180
weight = 75.8
print("王小明今年的年龄是%d 岁，身高是%d，体重是%4.1f 千克"%(age,height,weight))
```

4．代码如下：

方法一：

```
first = input('input the first letter:')
if first == 'M' or first == 'm':
    print('周一')
elif first == 'w' or first == 'w':
    print('周三')
elif first == 'F' or first == 'f':
    print('周五')
elif first == 'T' or first == 't':
    second = input('input the second letter:')
    if second == 'u'or second == 'U':
        print('周二')
    elif second == 'h' or second == 'H':
        print('周四')
    else:
        print('error')
elif first == 'S' or first == 's':
    second = input('input the second letter:')
    if second == 'a' or second == 'A':
        print('周六')
    elif second == 'u' or second == 'U':
        print('周日')
    else:
        print('error')
else:
    print('error')
```

方法二：

```
dict_data = {'M':'Monday', 'W':'Wednesday', 'F':'Friday', 'T':{'u':'Tuesday', 'h':'Thursday'},
'S':{'a':'Saturday', 'u':'Sunday'}}
first = input('input the first letter:')
if first == 'T' or first == 'S':
    second = input('input the second letter:')
    print(dict_data[first][second])
else:
    try:
        print(dict_data[first])
    except:
        print('error')
```

5．代码如下：

```
test_str = "testString"
 # 输出原始字符串
print ("原始字符串为" + test_str)
 # 移除第七个字符 r
new_str = ""
for i in range(0, len(test_str)):
    if i != 7:
        new_str = new_str + test_str[i]
print ("字符串移除后为" + new_str)
```

第 4 章　控制语句

一、选择题

1．B　2．C　3．D　4．D　5．B

二、简答题

1．Python 中的 pass 语句是空语句，它的出现是为了保持程序结构的完整性。pass 语句不做任何事情，一般用作占位语句。

2．break 语句用于结束整个循环，而 continue 语句的作用是结束本次循环，紧接着执行下一次循环。

三、编程题

1．代码如下：

```
for i in range(0,11):
```

```
    print(i)
```

2．代码如下：

```
x=float(input("请输入一个数："))    #输入实数
if x<0:
    y=0;
elif x<5:
    y=x
elif x<10:
    y=3*x-5
elif x<20:
    y=0.5*x-2
else:
    y=0
print(y)
```

3．代码如下：

```
x=int(input("请输入一个数："))    #输入整数
if x>0:
    print('x 是正数')
elif x<0:
    print('x 是负数')
else:
    print('x 是零')
```

第 5 章　List、Tuple 和 Dict

一、选择题

1．D　2．B　3．C　4．D　5．B

6．C　7．B　8．D　9．A　10．A

二、程序分析题

1．不能通过编译，元组不能使用下标增加元素。

2．可以通过编译，运行结果如下：

```
0
3
```

3．返回列表 listinfo 中小于 100，且为偶数的数。输出：[88, 24, 44, 44]。

三、编程题

1．代码如下：

```
#统计英文句子“Python is an interpreted language”中有多少个单词
```

```
s = 'Python is an interpreted language'
def word_len(s):
#以空格分割成列表，去除空项
return len([i for i in s.split(' ') if i])
#列表长度就是单词数量
print('输出文本',s,'\n','有',word_len(s),'个单词')
```

2．代码如下：

```
#输入一个字符串，将其反转并输出
str3 =input('请输入一个字符串：')
#正常输出
print('正常输出为',str3)
#反转输出
result = str3[::-1]
print('反转输出为',result)
```

3．代码如下：

```
total = 0
list1 = [11, 5, 17, 18, 23]
for ele in range(0, len(list1)):
    total = total + list1[ele]
print("列表元素之和为", total)
```

4．代码如下：

```
#已知一个字典包含若干员工信息（姓名与性别，男为0，女为1），编写程序删除
#性别为男的员工的信息
dic={'小明':0,'小红':1,'小黄':0,'小张':0,'小华':0,'小兰':1}
print("删除前的字典：%s"%dic)
keys=[]
values=[]
for (key,value) in dic.items():
    keys.append(key)
    values.append(value)
for value in values:
    if value==0:
        index=values.index(value)
        delkey=keys[index]
        del dic[delkey]
        values[index]="用来占位"
        keys[index]="用来占位"
print("删除后的字典：%s"%dic)
```

5．代码如下：

```
#由用户输入学生学号与姓名，数据用字典存储，最终输出学生信息（按学号
#由小到大进行显示）
#创建字典
students = {}
# 用户输入
student = input("请输入学号：")
ID = input("请输入你的姓名：")
if not(student is None):
    students[student] = ID
    #判断是否继续输入
    judge = input("是否继续输入（继续请输入 yes，输入其他内容则结束）：")
    while judge == "yes" or judge == "Yes":
        student = input("请输入学号：")
        ID = input("请输入你的姓名：")
        #判断学号是否重复，防止更改已输入的信息
        while student in students:
            if student in students:
                print('学号重复请重新输入你的信息')
                student = input("请输入学号：")
                ID = input("请输入你的姓名：")
            else:
                break
        #加入字典
        students[student] = ID
        judge = input("是否继续输入（请输入 yes 或者 no）：")
#排序
list1 = list(students.items())
list1.sort(key=lambda x: x[0], reverse=False)
print(dict(list1))
```

6．代码如下：

```
#编写一个程序，实现删除列表中重复元素的功能
arr = []
length = int(input("请输入列表中元素的总个数："))
i = 0
while i < length:
    #输入 i 个元素
    b = input()
```

```
        arr.append(b)
        i = i + 1
    #列表转为集合（集合中会自动删除重复的元素）
    set1 = set(arr)
    #集合转化为列表
    list1 = list(set1)
    print(list1)
```

第 6 章　函数

一、选择题

1．B　2．B　3．A　4．C　5．C

二、简答题

1．函数的返回值就是程序中函数完成一项任务后返回给调用者的结果，使用 return 语句实现。

2．局部变量是指定义在函数内的变量，只能在声明它的函数内部被访问；全局变量是定义在函数外的变量，它可以在整个程序范围内被访问。

三、编程题

1．代码如下：

```
def sum_digit(n):
    if n < 10:
        return n
    else:
        last = n % 10
        all_but_last = n // 10
    return sum_digit(all_but_last) + last
result = sum_digit(123)
print(result)
```

2．代码如下：

```
def is_leapyear():
    year = int(input("请输入一个年份："))
    if (year % 4 == 0 and year % 100 != 0) or year % 400 == 0:
        print("是闰年")
    else:
        print("不是闰年")
```

3．代码如下：

```
def lcm(a,b):
    for i in range(min(a,b),0,-1):
        if a%i==0 and b%i==0:
            return a*b/i
c=int(input("请输入第一个数："))
d=int(input("请输入第二个数："))
print("这两个数的最小公倍数：")
print(lcm(c,d))
```

第 7 章　面向对象

一、选择题

1．A　2．C　3．C　4．C　5．D

6．A　7．B　8．A　9．A　10．C

二、简答题

1．

面向对象（OOP）的三大特性如下：

- 继承性：解决代码的复用性问题。
- 封装性：对数据属性严格控制，隔离复杂度。
- 多态性：增加程序的灵活性与可扩展性。

2．

（1）面向过程的程序设计。“面向过程”（Procedure Oriented）是一种以过程为中心的编程思想。“面向过程”也可称为“面向记录”，不支持“面向对象”具有的丰富的特性（比如继承、多态），并且它不允许混合持久化状态和域逻辑。

特点：分析出解决问题所需要的步骤，然后通过函数把这些步骤一步一步地实现，使用函数的时候一个一个依次调用就可以了。

优点：将复杂的问题流程化，进而实现简单化。

缺点：可扩展性差。

应用场景：面向过程的程序设计思想一般用于那些功能一旦实现之后就很少需要改变的场景。如果只是写一些简单的脚本，去完成一些一次性的任务，用面向过程的方式是极好的，著名的例子有 Linux 内核、git、Apache HTTP Server 等。但如果要处理的任务是复杂的，且需要不断进行迭代和维护，则用面向对象更方便。

（2）面向对象的程序设计。“面向对象程序设计”（Object Oriented Programming，OOP）是一种程序设计范型，同时也是一种程序开发的方法，对象指的是类的实例。它将对象作为程序的基本单元，将程序和数据封装其中，以提高软件的重用性、灵活性和扩展性。面向对象程序设计的思想可以看作一种在程序中包含各种独立而又互相调用的对象的思想。这与传统的思想刚好相反：传统的程序设计主张将程序看作一系列函数的集合或者是一系列对计算机下达的指令。面向对象程序设计中的每一个对象都应该能够接收数据、处理数据并将数据传送给其他对象，因此对象都可以被看作一个小型的“机器”。

优点：可扩展性高。

缺点：编程的复杂度远高于面向过程的编程思想。不了解面向对象思想而立即基于它进行设计程序极易出现过度设计的问题。而且在一些扩展性要求低的场景中使用面向对象会徒增编程难度，比如管理 Linux 系统的 shell 脚本程序就不适合用面向对象思想进行设计，即面向过程思想反而更加合适。

（3）应用场景。面向对象程序设计思想提高了程序的灵活性和可维护性，并且在大型项目设计中广为应用。此外，支持者声称面向对象程序设计思想要比以往的其他程序设计理念更加便于学习，该思想能够使我们更简单地设计并维护程序，使得程序更加便于分析、设计和理解。

3.

```
class 类名(object):
    成员(方法)
```

4. 类名、属性和方法。

5. 要遵循标识符的命名规范，尽量使用大驼峰命名法，命名时要做到“见名思意”。

6.

类：对一类事物的描述，是抽象的、概念上的定义。

对象：实际存在的该类事物的每个个体，因而也称为实例（Instance）。

类和对象的关系：类用于描述多个对象的共同特征，是对象的模板；对象用于描述现实世界中的个体，是类的实例。对象是根据类创建的，一个类对应多个对象。

7. 在属性名前面加上两个下划线，即：__属性名。

8. 一个子类只能有一个父类，称为单继承。一个子类可以有多个父类，称为多继承。

9. 如果子类不想原封不动地继承父类的方法，而是要进行一定的修改，此时就需要采用方法的重写。方法重写又称方法覆盖。

10.

（1）__str__方法用来追踪对象的属性值的变化。

（2）__str__方法不能再添加任何参数；__str__方法必须有一个返回值，返回值必须为字符串类型。

11. __init__方法用来监听对象的实例过程。其定义如下：

```
def __init__(self):
    pass
```

三、程序分析题

1. 不能通过编译。

原因：#程序将会报错，因为隐藏属性不能直接被访问。

将程序中的相应语句修改为：

```
print(p1._People__name, p1._People__age)
```

程序输出结果如下：

```
luffy 18
```

2. 能够通过编译。

```
1 1 1        #继承自父类的类属性 x，所以都一样，指向同一处内存地址
1 2 1        #更改 Child1，Child1 的 x 指向了新的内存地址
3 2 3        #更改 Parent，Parent 的 x 指向了新的内存地址
```

3.

```
G
D
A
B

F
C
B
D
A
```

单步调试程序可以看到解释部分。

四、编程题

1．代码如下：

```
class Circle:
    def __init__(self,tup, radius, color):
        self.center = tup
        self.radius = radius
        self.color = color
    def perimeter(self):        #计算周长
        return 3.14 * 2 * self.radius
    def area(self):             #计算面积
        return 3.14 * self.radius * self.radius
circle = Circle((0,0),5,"黑色")
print(format(circle.perimeter(),'.2f'))
print(float(circle.area()))
```

2．代码如下：

```
class Role(object):
    def __init__(self,name):
        self.name = name
    def attack(self,enemy):
        enemy.life_value=self.agressivity

class People(Role):
    agressivity = 10
    life_value = 100
    def __init__(self,name):
        super().__init__(name)

class Dogs(Role):
    agressivity = 15
    life_value = 80
    def __init__(self,name):
        super().__init__(name)

p1 = People('Tom')
p2 = People('Jack')
d1 = Dogs('Niker')
```

3．代码如下：

```
#水果类
```

```
class Fruits(object):
    pass

#苹果对象
apple = Fruits()
apple.color = "red"

#橘子对象
tangerine = Fruits()
tangerine.color = "orange"

#西瓜对象
watermelon = Fruits()
watermelon.color = "green"
```

4．代码如下：

```
#汽车类
class Car(object):
    def __init__(self, color, speed, type):
        self.color = color
        self.speed = speed
        self.type = type
    def move(self):
        print("汽车开始跑了")

# BMW_X9 对象
BMW_X9 = Car("red", 80, "F4")
print(BMW_X9.color, BMW_X9.speed, BMW_X9.type)
BMW_X9.move()

# AUDI_A9 对象
AUDI_A9 = Car("black", 100, "S3")
print(AUDI_A9.color, AUDI_A9.speed, AUDI_A9.type)
AUDI_A9.move()
```

5．代码如下：

```
class Cat(Animal):              #属于动物的另外一种形态：猫
    def talk(self):
        print('say miao')

    def func(animal):           #对于使用者来说，自己的代码无需改动
        animal.talk()
```

```
cat1=Cat()          #一只猫的实例
func(cat1)          #调用方式无需改变就能调用猫的 talk 功能
#say miao
```

第 8 章　模块

一、选择题

1．C　2．D

二、简答题

1．与 C 语言中的头文件以及 Java 中的包类似，在 Python 中，一个 Python 文件就是一个模块（Module）。在 Python 中要调用 sqrt()方法，必须用 import 关键字导入 math 模块。

2．在 Python 中用关键字 import 来导入模块。

（1）导入模块：

```
import 模块名
```

（2）导入模块中的某个函数：

```
from 模块名 import 函数名
```

（3）导入模块的全部内容：

```
from 模块名 import *
```

3．通过使用包管理工具 pip 命令安装第三方模块。例如要使用 Sklearn 模块，可以用 pip install sklearn 命令安装 Sklearn 工具。安装完成后，即可使用该模块包含的所有工具。

三、编程题

1．参考 8.4.1 中的 time 模块示例。

2．创建 model.py 文件，输入以下内容：

```
#全局变量
name = '模块名：module'

#定义函数
def add(a,b):
    return a+b
```

在 model.py 文件的同级目录下创建 test.py 文件。在该文件中导入 model 模块并使用其中的全局变量和函数。test.py 文件内容如下：

```
#导入自定义模块
```

```
import module

print(module.name)
print(module.add(11,22))
```

第 9 章 异常处理

一、选择题

1．A 2．D 3．C 4．C 5．C 6．C 7．B

二、填空题

1．

```
try:
    <语句>
except(Exception1[,Exception2[,...ExceptionN]]):
    <语句>
else:
    <语句>
finally:
    <语句>
```

2．Except

三、程序分析题

1．列表越界。

2．

```
integer division or modulo by zero
出错啦!!!
1111
```

四、简答题

1．异常是 Python 对象，表示一个错误。当 Python 脚本发生异常时我们需要捕获并处理它，否则程序会终止运行。在程序运行过程中，总会遇到各种各样的错误，有的错误是程序编写有问题造成的，还有一类错误是在程序运行过程中完全无法预测的。一切异常皆是对象。

2．

名称异常（NameError）：变量未定义。

类型异常（TypeError）：不同类型数据进行运算。

索引异常（IndexError）：超出索引范围。

属性异常（AttributeError）：对象没有对应名称的属性。

键异常（KeyError）：没有对应名称的键。

未实现异常（NotImplementedError）：尚未实现的方法。

模块异常（ImportError）：无法引入模块或包。

输入输出异常（IOErroe）：输入输出异常。

语法异常（SyntaxError Python）：代码逻辑语法出错，不能执行。

异常基类（Exception）。

3.

（1）执行 try 子句（在关键字 try 和关键字 except 之间的语句）。

（2）如果没有异常发生，忽略 except 子句，try 子句执行后结束；如果在执行 try 子句的过程中发生了异常，那么 try 子句余下的部分将被忽略。

（3）如果异常的类型和 except 之后的名称相符，那么对应的 except 子句将被执行；如果一个异常不与任何的 except 匹配，那么这个异常将会传递到上层的 try 中。

4.

```
try:
    可能触发异常的语句
except 错误类型 1 [as 变量 1]:
    处理语句 1
except 错误类型 2 [as 变量 2]:
    处理语句 2
except Exception [as 变量 3]:
    不是以上错误类型的处理语句
else:
    未发生异常的语句
finally:
    无论是否发生异常均要运行的语句
```

5.

作用：抛出一个错误，让程序进入异常状态。

目的：在程序调用层数较深时，向主调函数传递错误信息需要每层均用 return 语句，这样比较麻烦，用 raise 语句人为抛出异常，可以直接传递错误信息。

五、编程题

1．代码如下：

```
def div(a,b):
    if a<b:
        raise BaseException('被减数不能小于减数')
    else:
        return a-b
print div(1,3)
```

2．

第一种方法：通过 if 语句进行判断。

```
data={'login.py': 'a 8 d 2 u 3', 'order.py': 'a 15 d 0 u 34', 'info.py': 'a 1 d 20 u 5'}
for k,v in data.items():
    sum=0
    for x in data[k].split(' '):
        if x.isdigit():
            sum+=int(x)
    print('文件%s 共变更%d 行'%(k,sum))
```

运行结果如下：

```
文件 login.py 共变更 13 行
文件 info.py 共变更 26 行
文件 order.py 共变更 49 行
```

第二种方法：使用 try 语句。

```
data={'login.py': 'a 8 d 2 u 3', 'order.py': 'a 15 d 0 u 34', 'info.py': 'a 1 d 20 u 5'}
for k,v in data.items():
    sum=0
    for x in data[k].split(' '):
        try:
            sum+=int(x)        #通过 try except 方法捕获异常
        except:
            pass
    print('文件%s 共变更%d 行'%(k,sum))
```

运行结果与第一种方法相同。

3．代码如下：

```
import math
def RadioError(Exception):
    def __init__(self,info):
        self.info=info
    def show(self):
        print(self.info)
def CCircle(r):
    if r<0:
```

```
        raise RadiosError('半径为负值')
    else:
        print(math.pi*(r**2))
```

第 10 章　Python 的文件操作

一、选择题

1．C　2．B　3．B　4．A　5．D　6．C

二、简答题

1．

读取文件的 3 个方法：read()、readline()、readlines()。

read()的特点：读取整个文件，将文件内容放到一个字符串变量中。

read()的劣势：如果文件非常大，尤其是大于内存时，无法使用 read()方法。

readline()的特点：readline()方法每次读取一行，返回的是一个字符串对象，保持当前行的内存。

readline()的缺点：比 readlines()慢得多。

readlines()的特点：一次性读取整个文件，自动将文件内容分析成一个行的列表。

2．

r：只能读。

r+：可读可写，不会创建不存在的文件。如果直接写文件，则从顶部开始写，覆盖之前此位置的内容；如果先读后写，则会在文件最后追加内容。

w+：可读可写。如果文件存在，则覆盖整个文件，文件不存在则创建。

w：只能写。覆盖整个文件，文件不存在则创建。

a：只能写。从文件底部添加内容，文件不存在则创建。

a+：可读可写。从文件顶部读取内容，从文件底部添加内容，文件不存在则创建。

三、编程题

1．代码如下：

```
# 读取一个文件，显示除了*号开头以外的所有行
file = open('dat.txt', 'r', encoding='utf-8')
r = file.readlines()
for i in r:
    if i[0] == '*':
        continue
```

```
        else:
            print(i)
    file.close()
```

2．代码如下：

```
f=open('source.txt','w')        #新建一个文件
f.write('你好 Python!')          #将内容写入文件
f.close()
p=open('source.txt','r')        #以读模式打开文件
pp=open('des.txt','w')          #新建一个文件
pp.write(p.read())              #把源文件复制到新文件
p.close()
pp.close()                      #关闭所有文件
```

3．代码如下：

```
#以二进制格式复制一个 jpg 的照片
pho=open('source.jpg','rb')
pho1=open('des.jpg','wb')
pho1.write(pho.read())
pho1.close()
pho.close()
```

案例答案

第 2 章　阶段案例——反转数字

```
num = int(input("请输入整数："))
a=num%10
b=num//10%10
c=num//100
print("翻转后的整数为：",100*a+10*b+c)
```

第 3 章　阶段案例——处理回文字符串

```
"""
方法一：使用 reversed()方法验证字符串是否为回文字符串
"""
s = input("请输入字符串：")
if not s :
    print("请不要输入空字符串！")
    s = input("请重新输入字符串：")
    rs = list(reversed(s))
```

```
if list(s) == rs:
    print("%s 是回文" %s)
else:
    print("%s 不是回文" % s)

"""
方法二：通过循环判断字符串首尾是否相同，进而验证是否为回文字符串
"""
s1 = input("请输入字符串：")
count = 0
if not s1:
    print("请不要输入空字符串！")
    s1 = input("请重新输入字符串：")

for i in range(0,int(len(s1)/2)):
    if s1[i] == s1[len(s1)-i-1]:
        count = 1
    else:
        count = 0
if count == 1:
    print("%s 是回文" %s1)
else:
    print("%s 不是回文" % s1)
```

第 4 章　阶段案例——打印九九乘法表

```
for i in range(1,10):
    for j in range(1,i+1):
        print(f'{i}*{j}={i*j}',end=" ")
    print( )
```

第 5 章　阶段案例——编程实现教室排课

```
import random
#定义一个教室的列表（为嵌套的列表）
classrooms =[[],[],[]]
#定义一个存储 8 门课程名字的列表
courses = ['A','B','C','D','E','F','G','H']
#随机把 8 门课程的名字添加到第一个列表中
for course in courses:
```

```
        randomNum = random.randint(0,2)
        classrooms[randomNum].append(course)
print(classrooms)
for room in classrooms:
        print(room)
for room in classrooms:
        for course in room:
                print(course,end=" ")
        print("")
```

第 6 章　阶段案例——编程实现图书管理系统

```
book_infos = []
#打印功能提示
def print_menu():
        print("=" * 30)
        print("图书管理系统 v1.0 ")
        print("1.添加图书信息")
        print("2.删除图书信息")
        print("3.修改图书信息")
        print("4.显示所有图书信息")
        print("0.退出系统")
        print("=" * 30)

#添加一本图书的信息
def add_info():
        #提示并获取图书名
        new_name = input("请输入新书的名字：")
        #提示并获取图书的作者
        new_author = input("请输入新书的作者：")
        #提示并获取图书的价格
        new_price = input("请输入新书的价格：")
        new_infos = {}
        new_infos['name'] = new_name
        new_infos['author'] = new_author
        new_infos['price'] = new_price
        book_infos.append(new_infos)

#删除一条图书信息
```

```
def del_info(book):
    del_number = int(input("请输入要删除的图书的序号：")) - 1
    del book[del_number]

#修改一本图书的信息
def modify_info():
    book_id = int(input("请输入要修改的图书的序号："))
    new_name = input("请输入新书的名字：")
    new_author = input("请输入新书的作者：")
    new_price = input("请输入新书的价格：")
    book_infos[book_id - 1]['name'] = new_name
    book_infos[book_id - 1]['author'] = new_author
    book_infos[book_id - 1]['price'] = new_price
#定义一个用于显示所有图书信息的函数
def show_infos():
    print("=" * 30)
    print("图书的信息如下：")
    print("=" * 30)
    print("序号      书名      作者      价格")
    i = 1
    for temp in book_infos:
        print("%d      %s      %s      %s" % (i, temp['name'], temp['author'], temp['price']))
        i += 1

def main():
    while True:
        print_menu()        #打印功能菜单
        key = input("请输入功能对应的数字：")     #获得用户输入的序号
        if key == '1':        #添加图书的信息
            add_info()
        elif key == '2':      #删除图书的信息
            del_info(book_infos)
        elif key == '3':      #修改图书的信息
            modify_info()
        elif key == '4':      #查看所有图书的信息
            show_infos()
        elif key == '0':      #退出系统
            quit_confirm = input("真的要退出吗？(Yes or No):")
            if quit_confirm == "Yes":
```

```
            break      #结束循环
        else:
            print("输入有误，请重新输入")

#调用 main 函数
main()
```

第 7 章　阶段案例——编程实现学生选课系统

```
class Student:
    def __init__(self,name,course,grade):
        self.name = name
        self.course = course
        self.grade = grade

    def selectCourse(self):
        print("I have selected a %s course"%self.course)

    def updateCourse(self,course,grade):
        self.course = course
        self.grade=grade

    def selectGrade(self):
        print("my grade is %d"%self.grade)

xiaowang=Student("xiaowang","English",90)
xiaowang.selectCourse()
xiaowang.selectGrade()
xiaowang.updateCourse("computer",98)
xiaowang.selectCourse()
xiaowang.selectGrade()
```

第 7 章　阶段案例——通过多态进行绘图

```
class Canvas:
    def draw_pic(self, shape):
        print('--start draw--')
        shape.draw(self)

class Rectangle:
```

```
    def draw(self, canvas):
        print('draw rectangle on %s' % canvas)

class Triangle:
    def draw(self, canvas):
        print('draw triangle on %s' % canvas)

class Circle:
    def draw(self, canvas):
        print('draw circle on %s' % canvas)

c = Canvas()
c.draw_pic(Rectangle())
c.draw_pic(Triangle())
c.draw_pic(Circle())
```

第 8 章　阶段案例——Sklearn 的使用

```
from sklearn.neighbors import KNeighborsClassifier   #利用邻近点方式获取数据
X=[[8,5],[6,2],[7,4],[3,5],[4,4]]
y=[1,0,1,0,0]
neigh = KNeighborsClassifier(n_neighbors=3)
neigh.fit(X, y)
print(neigh.predict([[7,3]]))                 #得到特征为[7,3]的 A 同学的分类结果
print(neigh.predict_proba([[7,3]]))           #每个类的概率
```

第 9 章　阶段案例——自定义登录异常

```
#自定义登录系统
#自定义异常类型
class nameqes(Exception):
    pass
class pwdques(Exception):
    pass

#定义方法，检查密码输入状态
def checklogin(username, userpwd):
    if len(username) < 3 or len(username) > 8:
        raise nameqes("用户名长度为 3 到 8")
```

```
    if not username.isalnum():
        raise nameqes("用户名由数字和字母组成")
    if len(userpwd) != 6:
        raise pwdques("密码由 6 位数组成")
    if not userpwd.isdigit():
        raise pwdques("密码由数字组成")

username = input("请输入用户名：")
userpwd = input("请输入密码：")
#捕获异常
try:
    checklogin(username, userpwd)
except nameqes as e:
    print(str(e))
except pwdques as ee:
    print(str(ee))
else:
    print("用户名密码正确，请进入")
```

第 10 章　阶段案例——登录验证

```
user.txt
abc:123
aaa:123
xiaowang:123

Login.py
while True:
    name = input("请输入用户名：").strip()
    pwd = input("请输入密码：").strip()
    with open("user.txt",mode='rt',encoding="utf-8") as file:
        info = file.readlines()
        for line in info:
            u_name,u_pwd = line.strip('\n').split(":")
            if u_name == name and u_pwd == pwd:
                print("login success!")
                break
            else:
                print("user name or user password of error! Again!")
```

```
            continue
        break
```

第 10 章　阶段案例——编程实现商品管理系统

```
#程序文件 ProductManager.py
def print_menu():
    #选择
    try:
        print("1.查询    2.增加   3.删除   4.修改   5.退出")
        global a
        a=int(input("请输入要选择的功能："))
        if a==1:
            select_info()
        elif a==2:
            add_info()
        elif a==3:
            del_info()
        elif a==4:
            recover_info()
        elif a==5:
            a=5
        else:
            print('\n 输入错误')
            print_menu()
    except ValueError:
        print('\n 输入错误')
        print_menu()

def select_info():
    #查找
    name=input("请输入要查找的商品名称：")
    for i in range(len(c)):
        d = c[i].split(':')
        if name == d[0]:
            print('{0}---在第{1}行\n'.format(c[i],i+1))
            break
    else:
        print('此商品不存在\n')
```

```
def add_info():
    #添加
    name=input("请输入商品名称：")
    if name not in b:
        mima=input("请输入价格：")
        print('存储成功\n')
        with open(filename,'a') as f:
            f.write('{0}:{0}\n'.format(name,mima))
     else:
        print('该商品已存在\n')

def del_info():
    #删除
    name=input("请输入要删除的商品名称：")
    if name in b:
        d = []
        for i in c:
            if name not in i:
                d.append(i)
                with open(filename,'w') as f:
                    f.writelines('{0}\n'.format(''.join(d)))
                print('已删除\n')
            else:
                print('此商品不存在\n')

def recover_info():
    #修改
    name = input("请输入要修改价格的商品名称：")
    if name in b:
        mima = input("请输入新价格：")
        e = name + ':' + mima
        d = ''
        for i in c:
            if name in i:
                d=b.replace(i,e)
                with open(filename,'w') as f:
                    f.write('{0}'.format(d))
                print('已修改\n')
            else:
```

```
                print('此商品不存在\n')

def main():
    #打印
    try:
        while a != 5:
            with open(filename) as f:
                lines = f.read()
                global b,c
                b = lines
                c = lines.split()
            print("欢迎使用商品管理系统")
            print_menu()
    except FileNotFoundError:
        with open(filename,'w') as f:
            f.write('')
        print('txt 文档创建成功')
        main()
a=0
b=''
c=[]
filename = input('输入 txt 文档：')
main()

products.txt
苹果 6
葡萄 10
梨 3
```

上述程序的部分运行界面如下：

```
输入 txt 文档：products.txt
欢迎使用商品管理系统
1.查询    2.增加   3.删除   4.修改   5.退出
请输入要选择的功能：1
请输入要查找的商品名称：苹果
苹果：苹果---在第 1 行

欢迎使用商品管理系统
1.查询    2.增加   3.删除   4.修改   5.退出
```

请输入要选择的功能：2
请输入商品名称：苹果
该商品已存在

欢迎使用商品管理系统
1.查询　2.增加　3.删除　4.修改　5.退出
请输入要选择的功能：2
请输入商品名称：橘子
请输入价格：5
存储成功

欢迎使用商品管理系统
1.查询　2.增加　3.删除　4.修改　5.退出
请输入要选择的功能：1
请输入要查找的商品名称：梨
梨：梨---在第3行

欢迎使用商品管理系统
1.查询　2.增加　3.删除　4.修改　5.退出
请输入要选择的功能：3
请输入要删除的商品名称：橘子
已删除

欢迎使用商品管理系统
1.查询　2.增加　3.删除　4.修改　5.退出
请输入要选择的功能：1
请输入要查找的商品名称：香蕉
此商品不存在

欢迎使用商品管理系统
1.查询　2.增加　3.删除　4.修改　5.退出
请输入要选择的功能：4
请输入要修改价格的商品名称：苹果
请输入新价格：4
已修改

欢迎使用商品管理系统
1.查询　2.增加　3.删除　4.修改　5.退出

请输入要选择的功能：1
请输入要查找的商品：苹果
苹果：苹果---在第 1 行

欢迎使用商品管理系统
1.查询　　2.增加　3.删除　4.修改　5.退出
请输入要选择的功能：5